U0378924

滋补养生汤粥
在家轻松做

张 晔/编著

中国人民解放军总医院第八医学中心营养科前主任
中央电视台《健康之路》、北京卫视《养生堂》特邀专家

中国轻工业出版社

图书在版编目（CIP）数据

滋补养生汤粥在家轻松做 / 张晔编著 . -- 北京：
中国轻工业出版社，2024.11. -- ISBN 978-7-5184
-5080-0

Ⅰ . TS972.12

中国国家版本馆 CIP 数据核字第 20243DN582 号

责任编辑：程　莹　　　责任终审：劳国强　　　设计制作：悦然生活
策划编辑：付　佳　程　莹　责任校对：朱　慧　朱燕春　责任监印：张京华

出版发行：中国轻工业出版社（北京鲁谷东街 5 号，邮编：100040）

印　　　刷：北京博海升彩色印刷有限公司

经　　　销：各地新华书店

版　　　次：2024 年 11 月第 1 版第 1 次印刷

开　　　本：710×1000　1/16　印张：10

字　　　数：180 千字

书　　　号：ISBN 978-7-5184-5080-0　定价：39.90 元

邮购电话：010-85119873

发行电话：010-85119832　010-85119912

网　　　址：http://www.chlip.com.cn

Email：club@chlip.com.cn

一碗汤粥保健康

古人云"药补不如食补"，而食补的最佳方式就是将五谷、五果、五菜、五畜合而为食——做成汤、羹、粥等。无论是百姓的日常餐桌上，还是各种筵席上，汤、羹、粥都是不可或缺的佳肴，且四季皆宜。它们既可为人体补水，还可使食物中的营养成分被人体充分吸收和利用。

健康者常食汤、羹、粥能增进健康，强身健体，益寿延年；病弱者常食汤、羹、粥能补养身体，祛病强身。

在日常生活中，大家可以将各种食材按自己的喜好组合搭配，进行熬、炖、煨，使各种食材的营养成分都得到充分释放。

在每一个平常的日子里，为家人端上精心熬制的汤、羹、粥，既能让家人享受各种美味，还可以帮助家人食疗养生，增强体质，摆脱亚健康的困扰。

而针对家人身体状况专门熬制的汤、羹、粥，不仅能帮助家人减轻病痛，还能给家人带去心灵的慰藉和精神上的鼓励。这时，你就成了最贴心的家庭保健师。

为了满足大家食疗养生、自我保健的愿望，我结合传统的中医药理论和现代营养学，针对各种食材的不同性味归经，进行科学配方，从而制成各款汤、羹、粥。书中的养生汤、羹、粥，具有养生保健功效。无论是健康者、亚健康者还是罹患病痛者，都可以通过汤、羹、粥进行滋补、调养。

希望本书能对广大读者朋友有所帮助，全家健康乐无忧！

目 录

第一章

滋补五脏养生汤羹粥饮

五脏强、少生病

第三章

不同人群的对症调养汤羹粥饮

汤汤水水养全家

第五章

经典地域汤羹粥饮
在家尝尽天下特色

解密美食，汤的故事

第一章

滋补五脏
养生汤羹粥饮
五脏强、少生病

养心安神

告别失眠、精神不振，提升活力

我们身边的不少食物具有养心安神的作用，这些食物既没有西药的不良反应，也不像中药味苦难吃。适量食用这些食物能缓解焦虑，使人精力充沛！

这样吃，让你养心又安神

1.可以适量多吃红色食物。中医认为，红色食物能增强心脏之气。畜禽肉类是红色食物的代表，其富含优质蛋白质、铁等营养素，如牛肉、羊肉、猪肉等。

2.常吃含镁丰富的食物。镁有"心脏保护神"的美称。含镁丰富的食物有绿色蔬菜、谷类、豆类、牛肉、猪肉、蛋黄、海鲜、花生、芝麻、香蕉等。

3.饮食宜清淡，尽量减少脂肪的摄入量，特别是动物性脂肪。另外，睡前别吃大餐。

4.避免饮用刺激性饮料，如烈酒、咖啡、浓茶、可乐等。

5.多吃含钙丰富的食物能起到镇定的作用。奶及奶制品是钙的最佳来源，此外，黄豆、黑豆、芝麻、小鱼干、虾、海带、紫菜等也含有一定量的钙。

中医养生堂

推擦心包经

位置： 心包经从胸走手，从乳侧走手臂内侧中线，到中指尖中冲穴结束。

操作手法： 推擦时取坐姿，右手臂置于右腿上，手心向上，用左手掌根推擦右手臂的心包经，往返5～10次，以右手臂产生温热感为度。再用相同的方法，用右手掌根推擦左手臂的心包经，往返5～10次。

功效： 经常这样推擦，可以起到养心宁神的作用。

桂圆莲子八宝汤

材料　桂圆肉30克，芡实50克，薏米40克，莲子、百合、沙参、玉竹各20克，红枣5枚。

调料　冰糖适量。

做法

1 薏米洗净，放入清水中浸泡3小时；其他材料洗净待用。

2 煲中放入芡实、薏米、莲子、红枣、百合、沙参、玉竹，加入适量清水，大火煮沸，转至小火慢煮1小时，再加入桂圆肉煮15分钟，加入冰糖调味即可。

养心安神

当归党参猪心汤

材料　猪心1个，当归15克，党参20克。

调料　生姜、葱末、胡椒、盐各适量。

做法

1 将党参、当归洗净放入水中煮30分钟后，去药渣留汁；将猪心清洗干净，切片。

2 锅置火上，加入适量清水和药汁，放入猪心和调料，大火煮开，转小火煮至猪心烂熟即可。

养心活血

羊肉枸杞麦仁粥

材料　小麦仁100克，羊肉80克，枸杞子10克。

调料　料酒、葱花、姜末各少许，盐、胡椒粉各适量。

做法

1 羊肉洗净，切丁；枸杞子洗净；小麦仁洗净，下入水锅中用大火煮沸，转小火煮至微熟。

2 加入料酒、葱花、姜末，下入羊肉丁烧开，加盐煮至熟烂，再下入枸杞子煮2分钟，加胡椒粉即可。

补血养心

注：本书材料中食物的重量是按照三口之家安排的，在实际操作中可以酌情增减食材的量。

大补元气

人参桂圆茶

材料 人参 10 克，桂圆肉 30 克。

调料 蜂蜜适量。

做法

1 人参洗净浮尘，放入砂锅中，加入没过人参的清水，浸泡 30 分钟；桂圆肉切块。

2 将装有人参的砂锅置火上，放入桂圆肉，大火烧开后转小火再煮 15～20 分钟，滤渣取汁，凉至温热加蜂蜜调味即可。

补血养心

薏米麦片红豆粥

材料 红豆 50 克，薏米、燕麦片各 30 克，大米 25 克。

调料 冰糖适量。

做法

1 薏米、红豆洗净，用水浸泡 4 小时；大米洗净，用水浸泡 30 分钟。

2 锅内加水烧开，加入薏米、红豆、大米，大火煮开后转小火，熬煮 1 小时至粥将熟时，放入燕麦片煮 10 分钟，加入冰糖煮化即可。

宁心安神

小米红枣粥

材料 小米 50 克，红枣 6 枚，大米 20 克。

调料 红糖适量。

做法

1 小米和大米分别淘洗干净；红枣洗净，去核。

2 锅置火上，放入小米、大米、红枣，加入足量清水，大火烧开后转小火煮至米粒开花、红枣肉软烂后放入红糖，再熬煮几分钟即可。

百合南瓜粥

材料 南瓜 250 克，糯米 100 克，鲜百合 50 克。

做法

1 鲜百合剥开，洗净；南瓜去皮去瓤，洗净，切小块；糯米洗净，充分浸泡。

2 锅内加清水烧开，加糯米、南瓜块煮至黏稠，加鲜百合稍煮即可。

养心肺 促睡眠

雪梨百合莲子汤

材料 雪梨 2 个，莲子 50 克，百合 10 克，枸杞子少许。

调料 冰糖适量。

做法

1 将雪梨洗净，去皮和核，切块；百合、莲子分别洗净，用水泡发，莲子去心；枸杞子洗净，备用。

2 锅置火上，放适量水烧开，放入雪梨块、百合、莲子、枸杞子、冰糖，水开后再转小火煮约半小时即可。

清心除烦

麦枣粥

材料 酸枣仁 30 克，小麦 30～60 克，大米 100 克，红枣 20 克。

做法

1 将小麦、酸枣仁、红枣洗净，装入药袋，扎紧袋口后放入锅内，加水烧沸。

2 小火煎煮 40 分钟后，取出药袋，煎汁留锅内，加入洗净浸泡后的大米同煮成粥即可。

宁心安神

益肝清火

疏肝减压，赶走火气和毒素

肝脏每天都要负责处理食物在体内生成的副产品，所以要减轻肝脏的工作强度，合理饮食是关键，否则不但会损伤肝脏，而且食物中的营养也无法很好地被身体吸收。中医认为青（绿）色食物益肝气，常吃有益于肝脏健康。

这样吃，疏肝减压

1.尽可能远离酒、碳酸饮料，以及辛辣刺激性食物，更不能暴饮暴食，致使脾胃升降失调从而加重肝脏负担。

2.尽可能少吃深度加工制品，因为这些食品含有各种防腐剂、色素等，长期大量食用有可能会加重肝脏负担。

3.对于肝气不足的人，如有面色发青、睡不好觉、常感胆怯等症状者，可每周吃一次动物肝脏，以肝养肝。

4.少吃肥肉、动物油和油炸食品等富含脂肪的食物，避免肝脏的负担过重。

中医养生堂

按摩太冲穴

位置： 太冲穴位于足背侧，在第一、第二跖骨结合部前方的凹陷中。

操作手法： 按摩太冲穴是有效且简便的养护肝脏的方法。自己按摩此穴时，可以采取坐位。每天按摩此穴2~3次，每次点按30秒后稍停片刻，一共点按3分钟即可。

功效： 经常这样按摩，可以疏肝解压。

红枣枸杞煲猪肝

材料 猪肝150克，红枣6枚，枸杞子10克。

调料 葱花、料酒各少许，盐适量。

做法

1 猪肝去净筋膜，洗净，切片；红枣、枸杞子洗净。

2 砂锅置火上，放入红枣、枸杞子和适量清水，水开后下入猪肝片、料酒，用大火煮5分钟左右，加葱花、盐调味即可。

补养肝血

猪肝决明子汤

材料 猪肝150克，决明子、枸杞子各10克。

调料 姜片、盐各适量。

做法

1 猪肝去净筋膜，洗净，切薄片；枸杞子洗净。

2 锅中加水，烧开后放入猪肝片、决明子、枸杞子、姜片，炖煮30分钟，待熟后加盐调味即可。

清肝明目

羊肝菠菜鸡蛋汤

材料 菠菜150克，羊肝100克，鸡蛋1个。

调料 葱花、姜丝各少许，盐、胡椒粉、香油各适量。

做法

1 菠菜择洗干净，用沸水焯烫，捞出，沥干，切段；羊肝洗净，切片；鸡蛋磕入碗中，打散。

2 砂锅置火上，加适量清水和姜丝煮沸，放入羊肝片煮熟，淋入鸡蛋液搅成蛋花，下入菠菜段，加盐、葱花、胡椒粉调味，淋上香油即可。

清肝火

黄豆芽鸡丝汤

材料 黄豆芽、鸡胸肉各 200 克。

调料 蒜片、姜丝、葱丝各少许，盐、胡椒粉、香菜碎各适量。

做法

1 鸡胸肉洗净，用沸水焯一下，捞出撕成丝；黄豆芽洗净，去根须。

2 锅内放油烧至六成热，放蒜片炒香，倒入适量清水，放黄豆芽煮 5 分钟，放鸡肉丝、姜丝、葱丝，开锅后撇去浮沫，放盐、胡椒粉调味，撒上香菜碎即可。

银耳木瓜排骨汤

材料 猪排骨 250 克，干银耳 5 克，木瓜 100 克。

调料 盐、葱段、姜片各适量。

做法

1 干银耳泡发，洗净，撕成小朵；木瓜洗净，去皮除子，切滚刀块；猪排骨洗净，剁段，焯水备用。

2 锅中加清水，放入排骨段、葱段、姜片同煮，大火烧开后放入银耳，小火慢炖约 1 小时。

3 将木瓜块放入汤中，再炖 15 分钟，调入盐搅匀即可。

绿豆薏米粥

材料 大米 60 克，绿豆、薏米各 30 克。

做法

1 绿豆、薏米分别洗净，用清水浸泡 4 小时；大米洗净，用清水浸泡 30 分钟。

2 锅内倒入适量清水大火烧开，加绿豆和薏米煮沸，转小火煮至六成熟时，放入大米，大火煮沸后转小火继续熬煮至米烂粥稠即可。

芝麻枸杞煲牛肉

材料　牛肉300克，黑芝麻10克，枸杞子15克。

调料　水淀粉、料酒、酱油、盐各适量。

做法

1. 牛肉洗净，切片，放入碗中，加入料酒、酱油、植物油、水淀粉腌制入味。

2. 黑芝麻洗净，放入热锅中，用小火炒出香味后盛出，碾碎备用。

3. 牛肉片、黑芝麻一起放入锅中，加适量沸水，大火煮沸后转小火继续煮2小时，加洗净的枸杞子再煮10分钟，调入盐即可。

滋补肝肾

菊花粥

材料　大米100克，菊花10克，红枣4枚。

做法

1. 红枣洗净，去核；菊花洗净；大米洗净，用水浸泡30分钟。

2. 锅内加适量清水烧开，放入红枣、大米，大火煮开后转小火煮30分钟至粥黏稠，加菊花煮10分钟即可。

清肝明目

金银花凉茶

材料　干金银花30克（鲜金银花60克）。

调料　冰糖适量。

做法

1. 金银花洗净浮尘，放入砂锅内，倒入约500毫升清水，浸泡20～30分钟。

2. 将装有金银花的砂锅置火上，煎沸3分钟，取汤约250毫升，加冰糖搅拌至化，自然冷却，分2～3次饮用。

清热解毒

健脾养胃

增强脾胃运化功能，改善面色萎黄

脾和胃都是消化器官，脾胃的健康与饮食关系密切。科学饮食能健脾养胃，脾胃健康才有好胃口，有了好胃口才能身体壮！

这样吃，脾胃健康胃口好

1. 少吃油炸食物。油炸食物不容易消化，会加重消化道负担，多吃会引起消化不良。

2. 吃饭时要细嚼慢咽。充分咀嚼食物，有助于分泌唾液，对胃黏膜也有保护作用。

3. 少吃生冷食物。食物的温度应以"不烫不凉"为宜。

4. 三餐定时定量，到了吃饭时间，不管饿不饿，都应进食，避免过饥或过饱。

5. 少食用辣椒、胡椒等刺激性食物，因为这些食物对消化道黏膜具有刺激作用，容易引起腹泻等症状。同时，应尽量远离烟酒、碳酸饮料、浓茶、浓咖啡。另外，口味过酸的食物也要少吃。

6. 食物尽量烹调得细软一些，更易消化。

中医养生堂

震颤中脘穴

位置：中脘穴位于腹正中线上，脐中上 4 寸处。

操作手法：取仰卧位，双手掌心相对、搓热后，用手掌心对准中脘穴进行震颤，每次震颤 100 次。

功效：经常按摩该穴，可以增强脾胃运化功能，改善面色萎黄。

山药薏米芡实粥

材料 糯米 80 克，山药、薏米各 20 克，芡实
10 克，红枣 3 枚。

调料 冰糖适量。

做法

1 芡实、薏米和糯米洗净后用水浸泡 4 小时；山
药去皮，洗净，切块；红枣洗净。

2 锅内加适量清水烧开，加入所有食材，大火煮
开后转小火，煮 90 分钟后，加入冰糖煮 5 分
钟即可。

健脾养胃

人参猪肚汤

材料 人参 5 克，猪肚 250 克，核桃仁 20 克。

调料 葱段、姜片、盐、酱油、料酒各适量。

做法

1 人参洗净浮尘；猪肚洗净，切丝。

2 人参放入砂锅中，加适量清水浸泡 20～30 分
钟后置火上，放入猪肚丝、核桃仁、葱段、姜
片，加酱油、料酒及没过锅中食材约 3 厘米的
清水，大火烧开后转小火煮至猪肚丝熟透，加
盐调味即可。

改善胃脘冷痛

红豆鲤鱼粥

材料 大米 100 克，红豆 50 克，鲤鱼 1 条（约
500 克），陈皮 3 克。

调料 料酒、葱段、姜片、蒜末、盐各适量。

做法

1 陈皮洗净；鲤鱼处理干净后切块；红豆、大米
洗净，红豆浸泡 4 小时后和大米熬成粥。

2 炒锅放油烧热，下葱段、姜片、蒜末炒香，加
入鲤鱼块、陈皮、料酒和适量清水煮开，再加
入煮好的红豆大米粥微煮，加盐调味即可。

补脾健胃

花生南瓜羹

材料 花生米50克，南瓜150克。

调料 冰糖适量，水淀粉少许。

做法

1 花生米挑净杂质，洗净，沥干水分；南瓜去皮和瓤，洗净，蒸熟，碾成泥。

2 炒锅置火上，倒油烧至五成热，放入花生米炒熟，盛出，凉凉，擀碎。

3 汤锅置火上，倒入南瓜泥和适量清水烧开，下入花生碎煮至锅中的汤汁再次沸腾，加冰糖调味，用水淀粉勾薄芡即可。

陈皮饮

材料 陈皮10克，鲜山楂3颗，荷叶30克。

调料 冰糖适量。

做法

1 陈皮、荷叶洗净浮尘；鲜山楂洗净，去蒂除子。

2 锅置火上，放入陈皮、鲜山楂、荷叶，加入约1000毫升清水，大火煮开后转小火煎煮30分钟，加冰糖煮至化开，去渣取汁趁热饮用即可。

枇杷叶菊花薏米粥

材料 枇杷叶5克，菊花10克，薏米、大米各50克。

调料 冰糖适量。

做法

1 大米、薏米洗净，浸泡30分钟；枇杷叶、菊花洗净，加水3碗，煮至2碗分量，去渣取汁。

2 锅置火上，放入适量清水和药汁，放入薏米、大米煮开，转小火煮至粥稠，加入冰糖煮化即可。

阿胶糯米粥

材料 黑糯米 70 克，阿胶 10 克。
调料 冰糖适量。
做法

1 黑糯米淘洗干净，用清水浸泡 2~3 小时；阿胶打碎。
2 锅置火上，放入适量清水烧开，下入黑糯米大火烧开后转小火煮至米粒将熟，加阿胶煮至化开且米粒熟烂成稀粥，加冰糖调味即可。

健脾益胃

莲藕绿豆煲猪肚

材料 猪肚、莲藕各 300 克，绿豆 50 克。
调料 陈皮丝、姜片、盐、淀粉各适量。
做法

1 绿豆洗净，用清水浸泡 3~4 小时；莲藕洗净，去皮，切块；猪肚洗净，用淀粉反复揉搓，再洗净，焯水，切块。
2 莲藕块、猪肚块、绿豆、陈皮丝、姜片放入锅内，加入适量清水，大火煮沸后转小火煮 2.5 小时，调入盐即可。

益胃健脾

鸡蓉玉米羹

材料 玉米粒 200 克，鸡胸肉 100 克。
调料 水淀粉、葱花各少许，盐适量。
做法

1 玉米粒洗净，沥干；鸡胸肉洗净，切碎。
2 锅内倒油烧热，加鸡肉碎炒散，加入玉米粒和适量水煮 30 分钟，加盐调味，用水淀粉勾芡，撒上葱花即可。

增进食欲

补肺益气

增强肺气，百病才不生

中医认为，白色食物入肺，具有养肺的功效。特别是在秋高气爽的时节，更应注重肺脏的保养。在营养均衡的基础上依据食物的食疗特性选择食物，可以达到润肺补肺的效果。

这样吃，补肺益气

1.宜少食辛味食物，多食酸味食物；饮食宜清淡，少吃油炸、烧烤食物，少吃肥甘厚腻的食物。

2.人体除了出汗，还有很多水分隐性蒸发的情况，所以要及时补足身体损失的水分，以保持肺脏与呼吸道的湿润度。

3.常喝粥能养肺，煮粥时宜选用具有养阴生津功效的食物，比如黑芝麻、蜂蜜、梨、银耳、萝卜、绿色蔬菜等。

笑口常开是养肺的好方法

笑时胸肌扩展，肺活量增大，有助于血氧交换，对消除疲劳、恢复体力、解除胸闷有益。研究表明，开怀大笑能使肺吸入足量的氧气，呼出废气，加快血液循环，达到心肺气血调和的目的；微笑有助于面部、胸部及四肢肌群得到充分放松。

中医养生堂

叩肺俞穴

位置： 肺俞穴位于人体的背部，在第三胸椎棘突下，后正中线旁开1.5寸处。

操作手法： 每晚临睡前取坐姿，两手握成空心拳，轻叩肺俞穴数十下，然后抬手用掌从背部两侧由下至上持续轻拍10分钟。

功效： 经常叩肺俞穴，有助于体内痰浊的排出。

冰糖炖雪梨

材料 雪梨2个，冰糖20克，枸杞子·5克。

做法

1 雪梨洗净，去蒂除核，切块；枸杞子洗净。

2 锅置火上，放入雪梨块、枸杞子、冰糖和适量清水，大火烧开后转小火煮至雪梨块熟软即可。

润肺止咳

猪杂汤

材料 猪肺150克，猪血100克，豆泡50克。

调料 香菜末、葱末、姜末各少许，盐、胡椒粉各适量。

做法

1 猪肺用清水浸泡去血水，冲洗干净，切片；猪血洗净，切片；豆泡洗净，切开。

2 锅置火上，倒油烧至七成热，炒香葱末、姜末，放入猪肺、猪血、豆泡略微翻炒，倒入适量清水，大火烧开后转小火煮至猪血熟透，加盐、胡椒粉调味，撒上香菜末即可。

补益肺气

双耳羹

材料 干银耳、干木耳各5克。

调料 葱末、水淀粉各少许，盐适量。

做法

1 干银耳、干木耳分别用清水泡发，择洗干净，切碎。

2 锅置火上，倒油烧至七成热，炒香葱末，放入银耳和木耳翻炒均匀，倒入适量清水，大火烧开后转小火煮15分钟，加盐调味，用水淀粉勾芡即可。

清肺润肺

润肺止咳

百合杏仁粥

材料　鲜百合30克，杏仁15克，大米100克，
　　　绿豆50克。

调料　冰糖少许。

做法

1　绿豆淘洗干净，用清水浸泡3~4小时；大米
　洗净；鲜百合分瓣，洗净。

2　锅置火上，倒入适量清水烧开，放入绿豆、大
　米大火煮开，转小火煮至绿豆开花、大米熟
　透，下入百合和杏仁略煮，加冰糖调味即可。

补益气血

当归羊肉汤

材料　羊肉300克，白萝卜200克，当归片10克。

调料　姜片、盐、料酒各适量。

做法

1　白萝卜洗净，切块；羊肉洗净，剁成小块。

2　羊肉入沸水中焯一下，约30分钟之后捞出，
　用清水洗净。

3　锅中倒入适量水，放入羊肉块、白萝卜块、当
　归片、姜片、料酒，大火烧开，转小火炖至肉
　烂，加盐调味即可。

生津止咳

柑橘荸荠汁

材料　柑橘3个，荸荠10颗。

调料　蜂蜜少许。

做法

1　柑橘洗净，去皮除子；荸荠洗净，去皮，切
　小丁。

2　将柑橘和荸荠放入家用榨汁机中榨成汁，加蜂
　蜜搅匀即可。

乌鸡黄芪红枣汤

材料 净乌鸡 250 克，红枣 6 枚，黄芪 30 克。
调料 盐适量。
做法

1 净乌鸡冲洗干净，剁成块，放入沸水中焯去血水；红枣洗净；黄芪择去杂质，洗净，装入纱布袋中。
2 锅置火上，放入乌鸡块、红枣、黄芪，倒入没过锅中食材的清水，大火烧开后转小火煮至乌鸡肉烂，取出黄芪，加盐调味即可。

气血双补

白扁豆薏米红枣粥

材料 白扁豆、莲子各 25 克，薏米 50 克，红枣 6 枚，陈皮 3 片，大米 30 克。
做法

1 白扁豆、莲子、薏米洗净，用水浸泡 4 小时；大米洗净，用水浸泡 30 分钟；红枣洗净，去核。
2 锅内加适量清水烧开，将除陈皮外的所有材料放入，大火煮开后转小火。
3 煮 50 分钟后放入陈皮，继续煮 10 分钟，熬至粥浓稠即可。

润肺止咳

黄芪鳝鱼羹

材料 鳝鱼 250 克，黄芪 30 克。
调料 姜片少许，盐、水淀粉、香油各适量。
做法

1 鳝鱼去内脏、头、骨，洗净，切成小段，焯水，过凉；黄芪洗净，切碎。
2 将鳝鱼段、黄芪碎、姜片放入锅内，加入适量清水煮沸，转小火炖 1 小时左右，去渣，用水淀粉勾芡，加入盐、香油调味即可。

补中益气

补肾健脑

填精益髓，改善体质虚弱、精力不足

中医认为，五色中的黑色与五脏中的肾相对应，黑色食物可入肾，能增强肾脏之气，起到补肾的作用。

这样吃，补肾健脑

1. 日常饮食避免大鱼大肉。肉类含有大量的蛋白质，而蛋白质的彻底代谢需要靠肾脏完成，吃太多肉会加重肾脏的负担。

2. 适量多喝水。多喝水能促进排尿，有助于体内毒素的排出，也可预防尿路结石的形成和尿路感染的发生。

3. 饮食宜清淡，减少盐的摄入量，长期高盐饮食可能引发肾脏疾病。

4. 不宜暴饮暴食。摄入的食物最终都会产生废物——尿酸及尿素氮等，这些废物大多经过肾脏排出，饮食无度会增加肾脏的负担。

5. 少喝或不喝碳酸饮料。长期或大量喝碳酸饮料会加重肾脏的负担。

中医养生堂

按摩涌泉穴

位置： 涌泉穴位于蜷足时足底前部凹陷处，第二趾、第三趾趾缝纹头端与足跟连线的前 1/3 与后 2/3 交点处。

操作手法： 按摩时取坐姿，用右手拇指按压左脚的涌泉穴，顺时针、逆时针各按压 30 次，然后用同样的方法按压右脚的涌泉穴。

功效： 按摩此穴能强肾补肾。

杜仲核桃猪腰汤

材料 猪腰 1 对，杜仲、核桃仁各 30 克。

调料 香油少许，盐、胡椒粉各适量。

做法

1 猪腰洗净，从中间剖开，去掉筋膜，切片；杜仲洗净浮尘。

2 将猪腰片和杜仲、核桃仁一起放入锅中，加入适量水，大火烧沸，转小火炖煮至熟，用胡椒粉、盐、香油调味即可。

补肝肾 强筋骨

百合猪肉炖海参

材料 水发海参 4 只，猪瘦肉 100 克，鲜百合 20 克。

调料 姜片、盐、料酒、冰糖各适量。

做法

1 鲜百合分瓣，洗净；猪瘦肉洗净，切块；海参收拾干净，切段。

2 将百合、猪肉块、海参段、姜片一同放入炖盅内，加入适量清水，隔水炖 3 小时，加盐、料酒、冰糖调味即可。

补肾壮阳

枸杞子桑葚粥

材料 桑葚 40 克，大米 100 克，枸杞子 10 克，红枣 6 枚。

做法

1 枸杞子、桑葚洗净；红枣洗净，去核；大米洗净，浸泡 30 分钟。

2 锅内加适量清水烧开，加入大米和红枣，大火煮开后转小火煮 30 分钟，加入枸杞子、桑葚继续煮 5 分钟即可。

补肾护发

滋阴补肾

黑豆紫米粥

材料 紫米 75 克，黑豆 50 克。

调料 冰糖少许。

做法

1 黑豆、紫米洗净，浸泡 4 小时。

2 锅置火上，加适量清水，用大火烧开，加紫米、黑豆煮沸后转小火煮 1 小时，加冰糖煮化即可。

健脑益智

黑芝麻南瓜羹

材料 南瓜 200 克，熟黑芝麻 25 克。

做法

1 南瓜洗净，去瓤，切块，放入蒸锅中蒸熟，去皮，凉凉备用。

2 将南瓜块和熟黑芝麻放入榨汁机中，加入适量饮用水搅打均匀即可。

温阳补肾

桂圆豆枣粥

材料 桂圆肉 15 克，黑豆 30 克，红枣 3 枚，大米 60 克。

调料 糖桂花适量。

做法

1 黑豆洗净，浸泡 4 小时；红枣洗净，去核；大米洗净，浸泡 30 分钟。

2 黑豆放入锅中，加适量清水，大火烧沸后转小火慢慢熬煮至五成熟，加入红枣及大米，继续熬煮至豆烂熟，加入桂圆肉稍煮片刻，停火后闷 5 分钟左右，调入糖桂花即可。

芙蓉海鲜羹

材料　虾仁100克，水发海参、蟹棒各80克，青豆50克，鸡蛋1个（取蛋清）。

调料　盐、料酒、姜末、牛奶、水淀粉各适量，胡椒粉少许。

做法

1 虾仁洗净，去除虾线；蟹棒切小丁；海参洗净，切条；青豆洗净，煮熟；鸡蛋清搅匀。

2 锅中加入适量水、牛奶、虾仁、蟹棒丁、海参条、青豆与姜末煮沸，再加盐、料酒、胡椒粉、鸡蛋清，最后用水淀粉勾芡即可。

滋阴补肾

黄豆棒骨汤

材料　水发黄豆100克，猪棒骨250克。

调料　葱花、姜片各少许，盐适量。

做法

1 水发黄豆洗净；猪棒骨敲碎，洗净，用沸水焯烫去血水。

2 砂锅放入焯好的猪棒骨、黄豆、姜片，倒入没过食材的清水后置火上，大火烧开后转小火煮至猪棒骨肉烂脱骨，加盐调味，撒上葱花即可。

健脑益神

奶香鳕鱼羹

材料　鳕鱼肉200克，牛奶150克，西蓝花、胡萝卜、面粉各50克。

调料　葱花、黄油各少许，盐、冰糖各适量。

做法

1 鳕鱼肉洗净，切小块；西蓝花洗净，掰成小朵，焯烫1分钟，捞出；胡萝卜洗净，切小块。

2 锅置火上，放入黄油烧化，少量多次地加面粉炒香，淋入牛奶搅匀，制成牛奶面糊。

3 锅内倒油烧至六成热，炒香葱花，放胡萝卜块翻炒，加温水烧开，下西蓝花、鳕鱼块煮熟，加盐、冰糖调味，淋入牛奶面糊，搅匀即可。

补脑补钙

補肾强腰

板栗牛肉山药粥

材料 板栗 10 枚，牛肉 150 克，山药、大米各 100 克。

调料 盐、料酒、白胡椒粉各适量。

做法

1 牛肉洗净，切小粒，加盐、白胡椒粉、料酒腌渍一下，备用；板栗去壳及皮；山药削皮，洗净，切小段；大米洗净，浸泡 30 分钟。

2 锅内加清水烧开，将大米放入锅中煮沸；再下入腌渍好的牛肉粒，转小火慢慢熬煮，期间搅动防止粘锅；煮至牛肉和大米软烂后下入板栗和山药段，继续小火熬煮，直到粥黏稠即可。

增强脑力

干贝豆腐汤

材料 豆腐 300 克，干贝 25 粒。

调料 葱段、姜丝、盐各适量。

做法

1 干贝洗净，用清水浸泡 3 小时以上；豆腐洗净，切片。

2 锅中放入清水，大火烧开，加入葱段、姜丝稍煮片刻，放入豆腐片、泡好的干贝，大火煮沸后转中火继续煮 15 分钟，加盐调味即可。

補肾助阳

青苹果鲜虾汤

材料 大虾 250 克，青苹果 1 个。

调料 高汤、香菜末、姜片、橙汁各适量，胡椒粉少许。

做法

1 大虾洗净，剥去外壳（留用），去除虾线；青苹果洗净，去皮除核，切块。

2 锅中加高汤煮沸，下入虾壳、姜片煮 10 分钟，捞去渣料；下入青苹果块，加胡椒粉、橙汁调味，放入虾肉煮至变红，撒入香菜末即可。

第 二 章

四季强身
汤羹粥饮，
遵循天时变化

元气足、更长寿

春季养生

以养肝为先

阳春三月正是人体通过饮食调养五脏的大好时机。按照中医养生原则，春季食补应以养肝为先。

春季这样吃，平肝益气、提高免疫力

1. 早春时节，天气仍然比较寒冷，人体需要消耗一定的热量御寒。饮食可以高热量食物为主，可选择黄豆、芝麻、花生、核桃等食物。同时，可以适当多吃鸡蛋、鱼虾、牛肉、鸡肉、大豆制品等富含蛋白质的食物，以补充热量消耗。

2. 应该适当少吃味酸的食物。酸性食物入肝。春季人的肝火通常较旺，这时大量吃味酸的食物，会使肝火过旺，伤及脾胃。

3. 春季是由寒转暖的季节，气温变化较大，细菌、病毒等微生物开始繁殖，容易侵犯人体而致病。应适当增加蔬果的摄入量，以摄取足够的矿物质、维生素，预防呼吸道感染等。

中医养生堂

按摩商丘穴

位置： 商丘穴是脚踝内侧的一个穴位，位于内踝前下方的凹陷处。

操作手法： 按揉这个穴位时要有酸痛感，两脚交替按揉 3~5 分钟即可。

功效： 春季常按商丘穴能够起到健脾的功效。

猪肝绿豆粥

材料 新鲜猪肝 50 克，绿豆、大米各 100 克。
调料 盐适量。
做法

1 绿豆洗净，用水浸泡 4 小时；大米洗净，用水浸泡 30 分钟；猪肝洗净，切片。
2 锅内加适量清水烧开，加入绿豆和大米同煮，大火煮开后转小火煮至九成熟，放入猪肝片，煮至粥熟后加盐调味即可。

补肝养血

芹菜叶豆腐鲜虾汤

材料 芹菜叶 50 克，豆腐 150 克，鲜虾 8 只。
调料 高汤、盐各适量。
做法

1 芹菜叶择洗干净；豆腐洗净，切块；鲜虾挑去虾线，洗净。
2 锅置火上，倒入高汤烧沸，放入豆腐块小火煮 10 分钟，下入鲜虾、芹菜叶，煮至虾熟透，加盐调味即可。

清肝火

什锦蔬菜汤

材料 南瓜 150 克，芹菜、胡萝卜各 50 克，番茄 1 个，牛瘦肉 60 克。
调料 葱花、番茄酱、盐各适量。
做法

1 南瓜洗净，去皮除瓤，切块；芹菜择洗干净，切斜段；胡萝卜洗净，切滚刀块；番茄洗净，去蒂，切月牙瓣；牛瘦肉洗净，切块。
2 锅置火上，倒油烧至七成热，炒香葱花，放入牛肉块略炒，加入番茄酱和适量清水煮至牛肉七成熟，加南瓜块、胡萝卜块煮 15 分钟，下入番茄和芹菜煮 5 分钟，加盐调味即可。

消除春困

预防过敏性鼻炎

山药红枣羹

材料 山药 150 克，红枣 6 枚。

调料 冰糖、水淀粉各少许。

做法

1 山药去皮，洗净，切小丁；红枣洗净，去核。

2 锅置火上，倒入适量清水烧开，放入山药丁大火烧开，转小火煮至五成熟，下入红枣煮至熟软，用汤勺背将山药丁和红枣轻轻碾碎，加冰糖调味，用水淀粉勾薄芡即可。

清肝明目

荠菜豆腐鱼丸粥

材料 荠菜、豆腐、大米各 100 克，鱼丸 5 个。

调料 盐、白胡椒粉、香油各适量。

做法

1 荠菜洗净，切末；豆腐洗净，切小块；大米洗净，浸泡 30 分钟，捞出备用。

2 锅内加适量清水烧开，将大米放入锅中煮粥，煮至两沸后关火。将鱼丸、荠菜末、豆腐块放入粥中，继续小火熬煮 20 分钟，加盐、香油、白胡椒粉调味即可。

预防春季感冒

蜂蜜牛奶饮

材料 蜂蜜 20 克，牛奶 400 克，菠萝肉 100 克。

调料 盐少许。

做法

1 菠萝肉切小丁，放淡盐水中浸泡 5 分钟。

2 蜂蜜倒入大杯中，用适量温水调匀，放入菠萝肉和牛奶再次搅拌均匀即可。

春笋乌鸡粥

材料　乌鸡肉、大米各 100 克，春笋 50 克。
调料　盐、香油各少许。
做法
1　春笋洗净，切块；大米洗净，浸泡 30 分钟后捞出；乌鸡肉洗净后切小块。
2　锅中加水烧沸，分别将春笋块和乌鸡块放入水中略煮，捞出备用。
3　锅中放入清水，大火烧开后将大米放入锅中，煮开后转小火熬煮 15 分钟，加入乌鸡块、春笋块继续煮 40~50 分钟，加入盐、香油调味即可。

缓解春困
活血养肝

四味猪肝汤

材料　猪肝 100 克，枸杞子、女贞子、白芝麻、核桃仁各 20 克。
调料　姜丝、葱段、盐、淀粉各适量。
做法
1　猪肝洗净，切片，撒上淀粉抓匀备用；枸杞子、女贞子洗净浮尘。
2　锅置火上，加入适量清水，放入白芝麻、枸杞子、女贞子、核桃仁煮开，转中火煮 20 分钟关火，滗出汤汁备用。
3　猪肝、姜丝、葱段加入汤汁中煮开，熄火，撒入盐调味即可。

疏肝解压

桂圆菊花汤

材料　桂圆肉 50 克，红枣 5 枚，菊花 5 克。
调料　冰糖适量。
做法
1　红枣洗净，去核；桂圆肉洗净；菊花用清水泡后洗净。
2　锅置火上，倒入适量清水，放入红枣、桂圆肉，用大火煮沸后转小火煮约 15 分钟。
3　加入冰糖煮化，食用时将菊花撒入汤中稍浸泡即可。

清肝明目

夏季养生

健脾祛湿养心神

夏季阴雨绵绵的天气比较多，中医认为脾喜燥恶湿，所以夏季养生应以健脾为主。另外，夏季是一年中气温最高的季节，夏季里人的心气最容易耗损，所以夏季养生应重视养心神。

夏季这样吃，清心除烦、醒脑提神

1.适量吃些苦味食物，苦味食物能消暑清热、清心除烦、醒脑提神，还可增进食欲、健脾利胃。

2.常吃些富含钾的新鲜蔬果。

3.饮食宜温、熟、软，勿食或少食生冷食物，尤应忌食黏硬不易消化的食物。

4.食物最好现做现吃；生吃瓜果要清洗干净；在做凉菜时，可加蒜泥和醋，既可调味，又能杀菌，还能增进食欲。

运动排汗最祛湿

夏季里很多人都因为害怕出汗而整天躲在空调房中，这样一来汗液无法正常排出，导致体内湿气大，暑湿症状严重。其实，出汗是很好的除湿排毒的方式。可以做一些运动来促进排汗。早起或晚饭后，可以快走30~40分钟，也可以选择慢跑等运动。

中医养生堂

按摩丰隆穴

位置： 丰隆穴位于小腿前外侧，当外踝尖上8寸，距胫骨前缘二横指（中指）。

操作手法： 每天坚持按揉3分钟即可。

功效： 在炎热的夏季特别是闷热的桑拿天常按摩丰隆穴，可以起到祛湿的作用，有助于把脾胃浊湿排出去。

芹菜百合豆腐粥

材料 芹菜、豆腐、大米各100克，干百合10克。

调料 盐、香油、姜丝、葱末各适量。

做法

1 芹菜洗净，切碎；豆腐洗净，切小块；干百合洗净泡软；大米洗净，用清水浸泡30分钟。

2 锅内加适量清水烧开，放入大米煮粥，七成熟时加入豆腐块、百合、姜丝、葱末、盐，煮至粥将熟，放入芹菜碎煮开，调入香油即可。

祛风利湿

冬瓜薏米老鸭汤

材料 老鸭半只，冬瓜200克，薏米50克。

调料 葱丝、姜片、盐各适量。

做法

1 老鸭收拾干净，剁成大块；冬瓜洗净，去皮除瓤，切大块；薏米洗净，浸泡2小时以上。

2 锅中放入清水、鸭块，大火烧开，撇去血沫，捞出，用清水洗净。

3 另起锅，锅中放少量油，烧至五成热时放入葱丝和姜片炒香，倒入鸭块炒至变色，然后放入适量开水和薏米，小火炖1小时，放入冬瓜块和少许盐，继续炖20分钟即可。

消肿祛湿

奶油土豆羹

材料 土豆150克，奶油30克，口蘑、熟火腿各50克。

调料 鸡汤适量，盐、白胡椒粉各少许。

做法

1 土豆洗净，去皮，榨成土豆泥；口蘑洗净，用沸水焯烫，捞出切末；火腿切末。

2 锅置火上，倒入鸡汤，加入奶油，下入土豆泥，煮至土豆泥完全融在鸡汤中，放入口蘑和火腿略煮，加盐和白胡椒粉调味即可。

健脾补钾

増强体力

扁豆薏米粥

材料 薏米 60 克，白扁豆 20 克，大米 30 克。

做法

1 白扁豆挑净杂质，洗净，用清水浸泡 4~6 小时；薏米洗净，用清水浸泡 3~4 小时；大米淘洗干净。

2 锅置火上，倒入适量清水烧开，下入白扁豆、薏米和大米，大火烧开后转小火煮至米豆熟烂即可。

滋养心阴

双耳牡蛎汤

材料 水发木耳、牡蛎各 100 克，水发银耳 50 克。

调料 料酒、醋、葱汁、姜汁、盐各适量。

做法

1 木耳、银耳洗净，撕成小朵；牡蛎洗净泥沙，入沸水锅中焯一下，捞出。

2 锅置火上，加水烧沸，放入木耳、银耳，加料酒、葱汁、姜汁，煮 20 分钟后下入牡蛎，加盐、醋煮熟即可。

清心去火

人参莲肉汤

材料 人参 10 克，莲子 20 克。

调料 冰糖适量。

做法

1 莲子洗净，用水浸泡 1 小时。

2 人参洗净，与泡好的莲子、冰糖一起放入炖盅中，加适量开水，用小火隔水炖至莲肉熟烂即可。

海带冬瓜汤

材料 冬瓜 200 克，水发海带 50 克。

调料 盐、葱花各适量。

做法

1 冬瓜洗净，去皮去瓤，切块；水发海带洗净，切片。

2 锅置火上，倒适量清水，放入冬瓜块、海带片煮沸，出锅前撒上葱花，放少许盐调味即可。

清热化湿

百合绿豆汤

材料 绿豆 250 克，鲜百合 30 克。

调料 冰糖适量。

做法

1 绿豆洗净，用清水浸泡 3~4 小时；鲜百合分瓣，洗净。

2 锅置火上，加适量清水，大火烧开后放入绿豆，转小火煮至绿豆开花且软烂，放入百合煮熟，加冰糖煮化即可。

清热解毒

山药玉米浓汤

材料 鲜玉米粒 200 克，山药、胡萝卜各 80 克，鸡蛋 1 个。

调料 葱花、盐、水淀粉各适量。

做法

1 山药洗净，去皮，切小块；胡萝卜洗净，去皮，切丁；鸡蛋磕开，打散。

2 锅中倒适量清水烧开，加入山药块、胡萝卜丁、鲜玉米粒煮熟，用水淀粉勾芡，再将蛋汁缓缓倒入，轻轻搅拌。

3 待水沸后，加盐调味，撒入葱花即可。

健脾开胃

秋季养生

滋阴润燥防抑郁

秋季气候凉爽干燥，"燥"为秋季的主气，中医认为：秋燥易伤肺，秋季肺气受到伤害，到了冬季就容易生病，所以秋季养生应以滋阴润肺为主。另外，初秋免不了出现"秋老虎"的炎热天气，这种天气很容易令人心情烦躁，应积极防范"情绪中暑"。

秋季这样吃，健脾养胃，去除烦躁

1. 秋季饮食要"少辛多酸"，即少吃辛辣味食物，适量多吃酸味食物，这样能增强肝脏功能。

2. 秋季气候宜人，食物丰富，但要避免大吃大喝，以免脂肪堆积，使人发胖。

3. 忌吃性过燥的食物，比如一些煎、炸、烧烤类的食物，少饮烈性酒。

4. 干燥的秋季使人每天从皮肤蒸发的水分大大增加，所以必须补水。通常，秋季每天要比其他季节多喝水 500 毫升左右，才能保持肺与呼吸道的正常湿润度，但要注意应少量多次饮水。

5. 切忌进补过量，以免伤害脾胃。

中医养生堂

摩擦胸腹部

位置： 由胸骨处向下至腹部。

操作手法： 取站立姿势，两手掌在胸前由胸骨处向下摩擦至腹部，再用两手掌从腹部向上摩擦至胸骨处，一下一上各做 60 次。

功效： 此动作有行气除烦、帮助摆脱抑郁的作用。注意按摩时配合做深呼吸。

胡萝卜雪梨炖瘦肉

材料 猪瘦肉 100 克,雪梨 2 个,胡萝卜 1 根。

调料 姜片、盐各适量。

做法

1 猪瘦肉洗净,切小块;雪梨洗净,去核,切小块;胡萝卜洗净,切片。

2 锅中加入适量清水,放入瘦肉块、雪梨块、胡萝卜片、姜片,大火煮沸,再转小火慢炖 30 分钟,最后加盐调味即可。

滋阴润肺

莲藕排骨汤

材料 莲藕 250 克,猪排骨 300 克。

调料 葱段、姜片、料酒各少许,盐适量。

做法

1 莲藕去皮,洗净,切块;猪排骨剁成小块,洗净,用沸水焯烫去血水。

2 锅置火上,倒油烧至七成热,炒香葱段和姜片,放入猪排骨、料酒翻炒均匀,加入适量清水小火煮至猪排骨八成熟,下入莲藕块煮至熟软,加盐调味即可。

消除秋燥

银耳百合羹

材料 干银耳 10 克,鲜百合 30 克,枸杞子 5 克。

调料 冰糖少许。

做法

1 干银耳用清水泡发,择洗干净,撕成小朵;鲜百合分瓣,洗净;枸杞子洗净浮尘。

2 锅置火上,放入银耳和适量清水,大火烧开后转小火煮至汤汁浓稠,下入鲜百合和枸杞子略煮,加冰糖煮化即可。

滋阴润肺

滋阴润燥

燕窝粥

材料　燕窝 10 克，大米 100 克。

做法

1 燕窝用温水泡发，拣去杂质，用清水洗净；大米淘洗干净。
2 锅置火上，放入燕窝、大米和适量清水，大火烧开后转小火，煮成米粒熟烂的稀粥即可。

保护胃壁

秋葵鲜虾粥

材料　秋葵 80 克，鲜虾 25 克，大米 50 克，猪肉 30 克。

调料　盐适量。

做法

1 秋葵洗净，切片；鲜虾去头，去壳，去虾线，洗净，加少许盐腌渍；猪肉洗净，切末；大米洗净。
2 锅内倒适量清水大火烧开，放入大米煮 30 分钟，再加入鲜虾、猪肉末稍煮，加入秋葵片煮 5 分钟即可。

止咳化痰

蜂蜜萝卜汁

材料　白萝卜 500 克。

调料　蜂蜜适量。

做法

1 白萝卜洗净，切小丁，放入榨汁机中榨汁。
2 将榨取的白萝卜汁倒入大杯中，加蜂蜜搅拌均匀即可。

玉竹麦冬银耳羹

改善燥热咳嗽

材料 玉竹、麦冬各25克，干银耳、枸杞子各5克。

调料 冰糖适量。

做法

1 干银耳泡发，洗净，撕小朵；玉竹、麦冬、枸杞子洗净浮尘。

2 锅置火上，加入适量清水，放入玉竹、麦冬、银耳和枸杞子，煮至银耳发黏，加冰糖搅拌至化开即可。

川贝雪梨猪肺汤

补肺止咳

材料 猪肺120克，川贝9克，雪梨1个。

调料 盐适量。

做法

1 猪肺清洗干净，切片，放开水中煮5分钟，捞出，用冷水洗净，沥干水；川贝洗净，打碎；雪梨洗净，去皮除核，切小块。

2 锅内加入适量清水，大火煮沸，放入猪肺片、川贝和雪梨块，小火煮2小时，加少许盐调味即可。

荸荠海蜇汤

清热化痰

材料 荸荠100克，海蜇皮50克。

调料 料酒、香油、盐、醋各适量。

做法

1 荸荠去皮洗净，切片；海蜇皮用清水略泡，洗净，切丝。

2 锅内加入适量清水，再放入海蜇皮丝、荸荠片，加入料酒、醋，大火烧开后再煮15分钟，加入香油、盐调味即可。

冬季养生

保阴潜阳补肾脏

冬季天气寒冷，中医认为：寒邪易伤肾阳，所以冬季养生应以护肾、补肾为主。另外，冬季寒冷干燥，饮食调理应以"保阴潜阳"为基本原则，即增加热量的供给，以抵御寒冷。

冬季这样吃，补肾益气、强筋健骨

1. 饮食上应以补充热量为主，适量摄入富含蛋白质、碳水化合物和脂肪的食物。蛋白质摄入应以优质蛋白质为主，如鸡蛋、鱼虾、大豆制品、瘦肉等。

2. 适量吃些黑色食物。中医认为，黑色食物入肾，能增强肾气，起到护肾、补肾的作用。可适当食用乌鸡、黑芝麻、木耳、紫葡萄等黑色食物。

3. 冬季进补首选食补，虽然人参、鹿茸、阿胶等中药滋补品对人体有益处，但如果服用不当会带来一些不良反应，而科学食补，既经济实惠又安全。

4. 适量吃些性质温热且能保护人体阳气的食物，比如韭菜、羊肉等。还要忌黏硬、生冷的食物，以免损伤脾阳，导致腹痛、腹泻等病症。

勤开窗，避免发生"缺氧综合征"

冬季气温较低，人们待在紧闭门窗的房间里的时间大大增加，因为怕冷而不开窗通风换气，室内空气不能及时更换，空气质量会下降。加上冬季外出活动减少，人们很容易出现嗜睡、精神不振、胸闷气短等缺氧症状。经常开窗通风换气是预防冬季"缺氧综合征"简便易行的方法。

参芪羊肉粥

材料　大米100克，羊肉200克，人参3克，黄芪10克。

调料　老姜、料酒各少许，盐适量。

做法

1 大米洗净，用水浸泡30分钟；羊肉洗净，切块，焯水捞出，用温水洗去浮沫；老姜洗净，用刀拍松；人参、黄芪洗净，放入清水中，煎取药汁，待用。

2 锅内倒入适量清水烧开，加入大米，煮开后放入料酒、老姜、药汁、羊肉块，大火烧开后转小火煮1小时，加盐调味即可。

补气养肾

红枣桂圆乌鸡汤

材料　净乌鸡400克，红枣4枚，桂圆肉10克，枸杞子5克。

调料　姜片、葱段、盐各适量。

做法

1 净乌鸡洗净，切块，焯水；红枣、桂圆肉、枸杞子分别洗净。

2 瓦罐中倒入适量清水，放入乌鸡块、红枣、桂圆肉、姜片、枸杞子，大火煮沸后转小火炖2小时，放入葱段煮5分钟，调入盐即可。

健脾补气

南瓜红米粥

材料　红米50克，南瓜150克，红枣5枚，红豆20克。

调料　蜂蜜少许。

做法

1 红米、红豆洗净，用水浸泡4小时；南瓜去皮去瓤，洗净，切小块；红枣洗净，去核。

2 锅内加适量清水烧开，加入红米、红豆、红枣，大火煮开后转小火煮40分钟，加南瓜块煮至米烂豆软，放温，加蜂蜜调味即可。

补中益气

滑蛋牛肉粥

材料 糯米 100 克，牛瘦肉 50 克，鸡蛋 1 个。

调料 葱花、香菜碎各少许，盐、料酒、酱油、胡椒粉、香油各适量。

做法

1 糯米洗净，用水浸泡 3～4 小时；牛瘦肉洗净，切片，加少许盐、料酒、酱油、香油、胡椒粉搅拌均匀，腌 10 分钟；鸡蛋磕入碗中，打散。

2 锅置火上，倒入适量清水烧开，下入糯米煮至八成熟，放入牛肉片煮熟，淋入鸡蛋液搅成蛋花，煮至糯米熟透，加盐调味，淋上香油，撒上葱花、香菜碎即可。

生姜红糖水

材料 红糖 30 克，生姜片 20 克，红枣 10 枚。

做法

1 红枣洗净。

2 锅置火上，放入红糖、生姜片、红枣和适量清水，大火烧开后转小火煎煮即可。

白菜栗子汤

材料 白菜心 300 克，板栗 150 克。

调料 盐、水淀粉、冰糖、清汤、葱花各适量。

做法

1 板栗去壳、去皮，一剖两半；白菜心洗净，切片。

2 锅中加适量清汤，放入板栗肉烧沸，再放入白菜心、盐、冰糖煮熟，用水淀粉勾芡，撒上葱花即可。

韭菜虾皮鸡蛋汤

材料　韭菜 50 克，虾皮 5 克，鸡蛋 2 个。

调料　盐、胡椒粉、香油、葱花各适量。

做法

1 韭菜洗净，切段；鸡蛋打入碗中，搅散，备用。

2 锅置火上，倒入适量清水，放入虾皮煮沸，淋入蛋液，煮沸后放入韭菜段搅匀，加胡椒粉、葱花、盐，淋上香油即可。

温肾壮阳

栗子炖乌鸡

材料　净乌鸡 400 克，板栗 100 克。

调料　葱段、姜片、盐各适量，香油少许。

做法

1 净乌鸡洗净，剁块，入沸水中焯透，捞出；板栗洗净，去壳、去皮，取出果仁。

2 锅内放入乌鸡块、板栗肉，加温水（以没过乌鸡块和板栗肉为宜）置火上，加姜片，大火煮沸，转小火煮 45 分钟，撒葱段，用盐和香油调味即可。

滋阴补气

红豆黑米粥

材料　红豆 50 克，黑米 60 克。

调料　红糖适量。

做法

1 红豆和黑米洗净，用水浸泡 4 小时。

2 锅内加入适量清水烧开，加入黑米、红豆，大火煮开后转小火。

3 煮 1 小时后，加入红糖搅匀即可。

活血补肾

木耳腰片汤

材料 猪腰 150 克，水发木耳 25 克。

调料 高汤、料酒、姜汁、盐、葱花各适量。

做法

1 猪腰洗净，除去薄膜，剖开，去臊腺，切片；水发木耳洗净，撕成小片。

2 锅置火上，加水烧开，加入料酒、姜汁、腰片，腰片煮至颜色变白后捞出，放入汤碗中。

3 锅置火上，注入高汤煮沸，下入水发木耳，加盐调味，煮沸后起锅倒入放好腰片的汤碗中，撒上葱花即可。

山药莲藕桂花汤

材料 山药 200 克，莲藕 150 克，桂花 10 克。

调料 冰糖适量。

做法

1 莲藕去皮，洗净，切片；山药去皮，洗净，切片；桂花洗净。

2 锅内放适量清水，放入莲藕片，大火煮沸后，转小火煮 20 分钟，再将山药片放入锅中，小火煮 20 分钟后加入桂花，小火煮 5 分钟，最后放入冰糖煮化即可。

淡菜胡萝卜鸡丝粥

材料 淡菜 50 克，胡萝卜 60 克，鸡胸肉、大米各 100 克。

调料 生抽、盐、葱花各适量。

做法

1 淡菜浸泡 2 小时，洗净；胡萝卜洗净，切细丝；鸡胸肉洗净，切丝，放盐、生抽、油搅拌均匀，腌渍一会儿；大米洗净，用清水浸泡 30 分钟。

2 锅里倒水烧开，加入泡好的大米，搅拌后转小火，加盖煮 20 分钟。

3 粥煮好以后，倒入淡菜、鸡丝、胡萝卜丝继续熬煮至熟，撒上葱花即可。

第 三 章

不同人群的
对症调养
汤羹粥饮
汤汤水水养全家

女性痛经

温经散寒、补血暖宫

生活中，许多女性尤其是年轻女性经常受到痛经的困扰。在日常生活当中，特别是在生理期前后，调整饮食来减轻痛经是不错的办法。

痛经的饮食原则

1. 应避免食用刺激性食物，如辣椒、生葱、生蒜、胡椒、烈酒等。

2. 禁食生冷食物，否则会刺激子宫、输卵管收缩，从而诱发或加重痛经。

3. 避免食用过甜或过咸的食物。

4. 避免摄入咖啡、巧克力等含有咖啡因的食物。

5. 饮食应多样化，宜常食用具有理气活血作用的蔬果，如荠菜、香菜、萝卜、橘子等。

6. 宜常吃补气血、补肝肾的食物，如鸡肉、鱼类、鸡蛋、牛奶、豆类、动物肝肾等。

7. 适当多吃蜂蜜、香蕉、黑芝麻、红薯等有利于保持大便通畅的食物。

注意保暖

女性月经期间如遇突然的寒冷刺激会引起子宫、盆腔内血管痉挛收缩，引发痛经。若本身是虚寒体质，更经不起寒气的侵袭。痛经发作时，可多喝热水、添加衣服，或者用暖水袋敷腰腹部，以缓解症状。平时也要注意保暖。

红糖姜汁蛋包汤

材料 鸡蛋3个，老姜5克。

调料 红糖适量。

做法

1 老姜洗净，放入500毫升清水中，用小火煮20分钟。

2 将火调小，在姜水中磕入鸡蛋成荷包蛋，煮至鸡蛋浮起，加入红糖搅拌，盛入碗中即可。

温经活血
补气养血

木耳羹

材料 干木耳10克，番茄50克，红枣3枚。

调料 冰糖、水淀粉各适量。

做法

1 干木耳泡发，洗净，去蒂，撕成小朵；番茄洗净，切碎；红枣洗净。

2 锅置火上，放入木耳和红枣，加适量清水，小火炖煮1小时至黏稠，加入冰糖煮化，加入番茄碎，用水淀粉勾薄芡即可。

减轻痛经
活血化瘀

红花糯米粥

材料 糯米100克，当归10克，丹参15克，红花3克。

做法

1 糯米淘洗干净，充分浸泡；当归、丹参、红花洗净浮尘。

2 将红花、当归、丹参放入砂锅中，注入足量水，煎药，去渣取汁。

3 将糯米放入锅里的药汁中，同煮至熟即可。

散瘀止痛

活血化瘀

山楂酪

材料　山楂 250 克，苹果 50 克。

调料　冰糖、水淀粉各适量。

做法

1 山楂洗净后入沸水略煮，捞出后去皮除核，切末备用；苹果洗净，去皮除核，切末。

2 锅置火上，加适量清水，放入山楂末和冰糖，搅拌均匀，烧沸后用水淀粉勾薄芡，加入苹果末拌匀即可。

补血化瘀

黑豆益母草瘦肉汤

材料　猪瘦肉 250 克，黑豆 40 克，益母草、枸杞子各 10 克。

调料　盐、姜片各适量。

做法

1 黑豆洗净，浸泡 4 小时；猪瘦肉洗净，焯水，切块；益母草、枸杞子分别洗净。

2 黑豆、瘦肉块、姜片、益母草、枸杞子放入锅中，加入适量清水，大火煮沸，转小火煲 2 小时，调入盐即可。

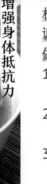

增强身体抵抗力

黄芪乌鸡汤

材料　净乌鸡 400 克，黄芪 10 克，胡萝卜 50 克。

调料　葱丝、姜丝各少许，盐、胡椒粉各适量。

做法

1 净乌鸡洗净，切开；黄芪洗净浮尘，切片；胡萝卜洗净，切片。

2 用沸水把乌鸡焯煮一下，沥去血水，放入大汤碗中，配上黄芪和胡萝卜。

3 将盐、胡椒粉用水化开，浇在乌鸡上，再加入葱丝、姜丝，上锅蒸 1 小时即可。

党参枸杞乌鸡汤

材料 净乌鸡300克，党参20克，枸杞子、桂圆肉各适量。

调料 姜片、盐各适量。

做法

1. 净乌鸡洗净，切块，用沸水略烫，捞出；党参洗净，切段；枸杞子洗净。
2. 碗中放入乌鸡块、党参段、姜片、枸杞子、桂圆肉，再加适量清水，隔水蒸2小时，调入盐即可。

滋阴补气

番茄牛尾汤

材料 牛尾250克，番茄2个，土豆1个。

调料 清汤800毫升，葱花、姜末、花椒各少许，番茄酱、料酒、盐各适量。

做法

1. 牛尾剁段，洗净，用沸水焯烫去血水；番茄去皮和蒂，切块；土豆去皮，洗净，切块。
2. 锅置火上，倒油烧至六成热，炒香葱花、姜末、花椒，下入番茄酱炒散，放入牛尾段翻炒均匀，烹入料酒，淋入清汤，用大火烧开后转用小火炖约90分钟，再下入番茄块和土豆块，炖至土豆块熟透，加盐调味即可。

补益气血

红豆鲤鱼汤

材料 鲤鱼1条（约500克），红豆50克。

调料 陈皮10克，姜片、香菜段各少许，盐适量，草果1个。

做法

1. 鲤鱼宰杀，去鳞、鳃及内脏，洗净，打花刀；红豆洗净，浸泡30分钟；陈皮、草果洗净浮尘。
2. 锅置火上，加入适量清水，将红豆放入锅中，烧沸后转小火煮1小时，加入鲤鱼及陈皮、草果、姜片，继续煮至豆熟时，加入盐调味，撒上香菜段即可。

健脾除湿

更年期

滋补肝肾、镇静安神

女性到了绝经期前后，常常会出现一系列特定的体征和心理症状，统称为更年期综合征。更年期综合征可以辅以食疗改善。精心安排一日三餐，不仅能增添生活的乐趣，还有助于更年期女性从容地度过这一特殊时期。

更年期综合征的饮食原则

1. 多吃富含蛋白质、维生素的食物，比如鸡肉、鸡蛋、豆腐、牛奶、芹菜、生菜、香菇、菜花、番茄、猕猴桃、橙子、苹果等，调节免疫功能，帮助顺利度过更年期。

2. 多吃富含钙的食物，比如奶及奶制品、大豆及其制品、海带、虾皮、绿叶蔬菜等，预防骨质疏松。

3. 限制食盐、糖的摄入，每日食盐摄入量控制在5克以内，每日添加糖的摄入量控制在25克以内。

4. 避免食用过多咸鱼、腊肉、奶油蛋糕、珍珠奶茶等食物，忌烟忌酒。

保证充足的睡眠

对于更年期女性来说，由于机体功能衰退，精力恢复得较慢，所以要注重睡眠。睡眠时间和睡眠质量都很重要。每天宜睡七八个小时，睡眠时间过多、过少都不利于健康。

甘麦红枣粥

材料　麦仁（小麦）100 克，甘草 15 克，红枣 4 枚。

做法

1 麦仁洗净，用水浸泡 4 小时；甘草洗净；红枣洗净，去核。

2 锅置火上，放入甘草和适量清水，中火煮沸后转小火熬煮 30 分钟，去渣取汁。

3 高压锅置火上，倒入甘草汁，加麦仁、红枣，大火熬煮 15 分钟即可。

理气解郁

红豆百合莲子汤

材料　红豆 80 克，莲子（去心）、百合各 15 克。

调料　陈皮、冰糖各适量。

做法

1 红豆洗净；莲子洗净，浸泡 2 小时；百合泡发，洗净；陈皮洗净。

2 锅中倒水，放入红豆，大火烧沸后转小火煮约 30 分钟，放入莲子、陈皮煮约 40 分钟，加百合继续煮约 10 分钟，加冰糖煮化，搅匀即可。

养心安神

阿胶红枣羹

材料　阿胶 25 克，红枣 6 枚，核桃 3 个。

调料　冰糖适量。

做法

1 阿胶敲碎，装入耐热的碗中，放入蒸锅蒸至化开；核桃去壳，取仁，捣碎；红枣洗净。

2 锅置火上，放入红枣和适量清水，煮至红枣软烂，用汤勺碾碎，用干净纱布滤去枣皮和枣核，倒入另一锅内，放入冰糖、核桃仁和阿胶，小火熬成羹即可。

补益气血

健脾胃
补气血

补气牛肉汤

材料 牛肉200克，山药100克，芡实50克，黄芪、桂圆肉、枸杞子各10克。

调料 葱段、姜片、盐、料酒各适量。

做法

1 牛肉洗净，切块，放入沸水中焯烫，除去血水，捞出沥干；山药洗净，去皮，切块；芡实、黄芪、枸杞子洗净浮尘；桂圆肉洗净备用。

2 锅中加适量清水，将牛肉块、芡实、山药块、黄芪、葱段、姜片一起放入锅中，倒入适量料酒，大火煮沸后转小火慢煲2小时，放入桂圆肉、枸杞子，小火慢煲30分钟后，用盐调味即可。

补充雌激素
消除疲劳

黄豆排骨汤

材料 黄豆50克，猪排骨250克，红枣3枚，水发海带丝20克。

调料 葱段、姜片、盐、香油各适量。

做法

1 黄豆洗净，浸泡2小时；猪排骨洗净，切段；红枣和水发海带丝洗净。

2 砂锅中加适量清水，大火煮沸，将猪排骨和黄豆放入锅内，加葱段、姜片、红枣、海带丝，开锅后转小火煲2小时左右，加入盐、香油调味即可。

疏肝和胃
清热化痰

梅花山药糯米粥

材料 糯米50克，大米30克，白梅花10克，山药100克，荷叶汁适量。

调料 冰糖适量。

做法

1 糯米洗净，浸泡4小时；白梅花去杂质，洗净；大米洗净，浸泡30分钟；山药去皮洗净，切块。

2 锅内加适量清水、荷叶汁煮开转小火，放白梅花煮10分钟，捞去花瓣留汁。

3 锅内放糯米、大米大火煮开后转小火熬煮40分钟，放山药块煮10分钟，加冰糖小火煮化即可。

花生小米粥

材料　花生米 30 克，小米 100 克。

做法

1　花生米洗净，浸泡 3 小时；小米淘洗干净。

2　锅置火上，加适量清水煮沸，将小米、花生米一同放入锅中，大火煮沸，转小火继续熬煮至粥黏稠即可。

木瓜鲫鱼汤

材料　木瓜 250 克，鲫鱼 300 克。

调料　料酒、葱段、姜片、香菜段各少许，盐适量。

做法

1　木瓜去皮除子，洗净，切片；鲫鱼除去鳃、鳞、内脏，洗净。

2　锅置火上，倒油烧热，放入鲫鱼煎至两面金黄，盛出。

3　将煎好的鲫鱼、木瓜片、葱段、料酒、姜片放入汤煲内，倒入适量水大火煲 40 分钟，加入盐调味，撒香菜段即可。

八宝滋补鸡汤

材料　三黄鸡 1 只，山药、胡萝卜、荸荠各 100 克，玉米笋 50 克，薏米 20 克，红枣 5 枚。

调料　盐、陈皮各适量。

做法

1　薏米洗净，浸泡 4 小时；三黄鸡治净，切大块，焯水；山药、胡萝卜、荸荠分别去皮，洗净，切块；玉米笋、陈皮、红枣洗净。

2　锅内倒入适量清水，放入所有食材、陈皮，大火煮沸后转小火煲 2 小时，加盐即可。

温阳补肾

男性阳痿、肾虚

食物要多样化，是永远不变的健康饮食原则。男性有其自身的特点，饮食上也有所侧重。

男性保健滋补的饮食原则

1. 饮食宜清淡，尽量食用少盐、少油的食物。

2. 多摄入蔬果，为人体补充维生素，维持正常生理功能。

3. 多摄入优质蛋白质，对改善生殖系统健康状况具有重要的作用。奶及奶制品、大豆及其制品、蛋类、瘦肉类都是优质蛋白质的良好来源。

4. 注意锌的补充。海产品、瘦肉、谷物是锌的良好来源。

男性解压方法

1. 运动解压。适当运动可以缓解压力，减轻心理负担。男性可以选择适合自己的运动方式，如跑步、游泳等。

2. 放松训练。可通过深呼吸、冥想、肌肉放松练习来缓解压力。放松训练可帮助男性放松身心，减少焦虑和紧张。

3. 社交解压。与朋友、家人分享自己的感受，从而获得情感支持和理解。

中医养生堂

按摩腰眼

位置： 腰眼位于腰部第四腰椎棘突下旁开约3.5寸的凹陷处，左右各一穴。

操作手法： 两手握成拳，用拳背或拳眼旋转按摩腰眼，每次5分钟。

功效： 男性常按摩腰眼可强壮腰脊。

坚果煲牛肉

材料　牛腩350克，核桃仁50克，板栗肉100克，桂圆肉10克。

调料　姜片、盐各适量。

做法

1 牛腩洗净，切块，用沸水焯烫去血水，捞出。

2 砂锅置火上，放入牛腩块、核桃仁、板栗肉、桂圆肉、姜片和没过食材的清水，大火烧开后转小火煲至牛腩酥烂，加盐调味即可。

补肾气

腐皮腰片汤

材料　猪腰1个，豆腐皮100克。

调料　葱末、姜末、香菜末、料酒各少许，盐、胡椒粉各适量。

做法

1 猪腰切开，去净筋膜，用清水浸泡去血水，洗净，切片，用沸水焯烫，捞出；豆腐皮洗净，切菱形片。

2 锅置火上，倒油烧至七成热，炒香葱末、姜末，放入腰片和豆腐皮翻炒均匀，淋入料酒和适量清水大火烧开，转小火煮至腰片熟透，加盐、胡椒粉调味，撒上香菜末即可。

补肾壮腰

韭菜瑶柱羹

材料　韭菜100克，豆腐150克，瑶柱（干贝）40克，鸡蛋清适量。

调料　鸡汤600毫升，冰糖、胡椒粉、水淀粉各少许，盐适量。

做法

1 韭菜择洗干净，切末；豆腐洗净，切小丁；瑶柱洗净，蒸熟后撕碎；鸡蛋清打散。

2 锅置火上，倒入鸡汤烧开，加入韭菜末、豆腐丁、瑶柱碎略煮，淋入鸡蛋清搅成蛋花，加盐、冰糖、胡椒粉调味，用水淀粉勾芡即可。

调养阳痿

温肾壮阳

羊肉绿豆粥

材料 羊瘦肉200克，绿豆80克，大米50克。

调料 葱末、盐、香油各适量。

做法

1 羊瘦肉洗净，切小丁；绿豆淘洗干净，用清水浸泡3~4小时；大米淘洗干净。

2 锅置火上，倒入适量清水烧开，下入大米、绿豆和羊肉丁，大火烧开后转小火煮成大米和绿豆熟烂的稀粥，加盐调味，撒上葱末，淋上香油即可。

补肾壮腰

黑豆杜仲羊肾汤

材料 羊肾200克，黑豆60克，杜仲10克。

调料 姜片、小茴香各适量。

做法

1 羊肾对半剖开，清理干净；黑豆洗净；杜仲洗净浮尘。

2 将杜仲、姜片、小茴香一起装入纱布袋中，扎好袋口，放入锅中，加适量水，煎煮20分钟。

3 加入黑豆及羊肾，煮至豆熟后，拿掉纱布袋即可。

补肾壮阳

海带牡蛎汤

材料 水发海带300克，牡蛎肉50克。

调料 姜丝、葱段、盐、醋、高汤各适量。

做法

1 海带洗净，切丝；牡蛎肉洗净。

2 锅中放入海带丝、姜丝、葱段，加入高汤、少许醋烧沸，转小火将海带煲至熟烂，下入牡蛎肉煮沸，加盐调味即可。

黑豆猪肚汤

材料 黑豆30克，益智仁、桑螵蛸、金樱子各10克，猪肚1个。

调料 盐适量。

做法

1 黑豆、益智仁、桑螵蛸和金樱子洗净，用干净纱布包裹好；猪肚清洗干净，去除异味。

2 将猪肚和纱布包一起放入锅中，加适量水炖熟，用刀划开纱布包，取出纱布，加盐调味即可。

健脾养肾

胡萝卜羊骨汤

材料 羊排骨350克，胡萝卜80克，白萝卜100克，紫皮洋葱50克。

调料 葱段、香菜碎、姜片、盐各少许。

做法

1 羊排骨洗净，剁成块，焯水；胡萝卜洗净，切块；白萝卜洗净，切块；洋葱洗净，去皮，切块。

2 砂锅里加入适量清水，放入葱段、姜片、羊排骨大火煮沸，转小火继续炖煮，待羊排骨肉烂，放入胡萝卜块、白萝卜块、洋葱块煮至软熟，加盐、香菜碎即可。

补钙益肾

参竹银耳汤

材料 海参50克，干银耳、竹荪、枸杞子各10克，红枣3枚。

调料 盐适量。

做法

1 海参、竹荪用清水泡发洗净，切丝；红枣洗净，去核，稍浸泡；干银耳泡发，洗净，去蒂，撕成小朵；枸杞子洗净。

2 锅中倒入适量清水，放入银耳、海参丝，大火煮沸后转小火煮约20分钟，加入枸杞子、红枣、竹荪丝煮约10分钟，加盐调味即可。

补肾养血

老人腰酸背痛

益肾补元，抗衰益寿

肌肉酸痛是现代人普遍存在的一种职业疾患。其实导致腰酸背痛的原因很多，而且每个人的症状都不大一样。在明确病因之后，可从日常饮食方面改善体质，以减轻腰酸背痛。

腰酸背痛的饮食原则

1.尽量坚持低脂、素食的饮食习惯。多摄取植物性营养素不仅能协助预防血管硬化，还有助于保住钙质。

2.适当摄入牛奶、胡萝卜等食物来补充脂溶性维生素，预防骨质疏松引起腰酸背痛。

3.减少盐的用量，每天盐的摄入量控制在2~3克。

4.多摄入全谷类、坚果类、大豆制品以及奶制品。

5.尽量避免摄入过多的咖啡因与精加工食品。

6.避免过多食用生冷食物，即使在夏季，也不宜贪凉。

老年人腰酸背痛的主要原因

1.肌肉劳损。老年人腰部肌肉力量明显减弱，如果长时间坐着、站立或弯腰活动，很容易导致肌肉劳损，引起腰酸背痛的症状，还会伴有腰部僵硬等症状。

2.腰椎间盘突出。腰部外伤、过度负重很容易引起腰椎间盘突出，使腰背肌肉紧张，出现酸痛，还会伴有下肢放射痛、下肢无力等症状。

3.腰椎管狭窄。腰椎管狭窄会压迫脊髓神经，引起腰背酸痛，还可能出现间歇性跛行的症状。

4.腰椎滑脱症。腰椎的椎体与椎体之间发生显著移动可造成腰椎滑脱症，引起腰酸背痛，还可能伴有下肢无力的症状。

蚕豆红豆福寿粥

材料　蚕豆、红豆各30克，大米100克。

做法

1 红豆洗净，浸泡3~4小时；大米、蚕豆洗净，浸泡30分钟。

2 将浸泡后的蚕豆、红豆放入开水锅中，和大米一起煮粥。

3 煮至米软豆烂即可。

养护筋骨

菠菜牛肉汤

材料　菠菜200克，牛肉150克。

调料　牛骨高汤、水淀粉、酱油、盐各适量。

做法

1 菠菜洗净，焯水，切段；牛肉洗净，剁成末，加盐、酱油搅拌均匀。

2 锅中倒入牛骨高汤，下入牛肉末煮沸3分钟，放入菠菜段煮至汤沸，加盐调味，用水淀粉勾薄芡即可。

强筋健骨

山楂双豆汤

材料　红豆、绿豆各100克，红枣4枚，山楂50克。

做法

1 红豆、绿豆洗净，用清水泡3~4小时，捞出备用；红枣、山楂洗净，去核。

2 将所有食材一起放入锅中，加入适量清水，大火煮沸，转小火煮至豆熟烂即可。

健脾养胃

山楂陈皮薏米粥

开胃消食

材料 大米、薏米、山楂各50克，陈皮10克。
调料 红糖适量。
做法
1 陈皮洗净，切丁；大米洗净，浸泡30分钟；薏米洗净，浸泡3小时；山楂洗净，去核，切块。
2 锅内加适量清水烧开，加入陈皮丁、大米、薏米、山楂块，大火煮开后转小火煮50分钟，加入红糖搅匀即可。

虾皮鸡蛋羹

强壮骨骼

材料 鸡蛋2个，虾皮5克。
调料 葱花、盐、香油各适量。
做法
1 将鸡蛋磕入碗中，加盐、香油、葱花、虾皮搅打均匀，再加入适量凉白开调匀。
2 蒸锅置火上，加水煮沸，放入盛有蛋液的碗，加盖用大火蒸8分钟即可。

人参羊肉汤

缓解疲劳

材料 羊肉250克，人参2克，枸杞子15克。
调料 葱段、姜片、盐各适量。
做法
1 人参、枸杞子洗净，放入砂锅，先用清水浸泡30分钟，再置于火上，大火烧开后转小火煎30分钟，取汁；羊肉洗净，切块。
2 将人参枸杞汁倒入砂锅中，放入羊肉块、葱段和姜片，加清水没过锅中食材，小火炖至羊肉熟烂，加少量盐调味即可。

三色豆腐羹

材料 豆腐 200 克，芹菜、胡萝卜各 50 克。

调料 高汤 500 毫升，水淀粉、葱花、香油、盐各适量。

做法

1 豆腐洗净，切小丁，焯烫，过凉；芹菜择洗干净，切小丁；胡萝卜洗净，切小丁。

2 锅内倒植物油烧至六成热，放入葱花爆香，下胡萝卜丁翻炒片刻，倒入高汤大火烧沸。

3 放入芹菜丁、豆腐丁，开锅后转小火煮 5 分钟，用水淀粉勾薄芡，加盐调味，淋上香油即可。

补钙壮骨

花生红枣山药粥

材料 糯米 80 克，山药 50 克，花生米 30 克，红枣 6 枚。

调料 冰糖适量。

做法

1 糯米洗净，用水浸泡 30 分钟；山药洗净，去皮，切块；花生米洗净；红枣洗净，去核。

2 锅内加适量清水烧开，加入糯米、花生米、红枣，大火煮开后转小火。

3 待粥七成熟，倒入山药块继续熬煮至米烂粥熟，加冰糖小火煮 5 分钟即可。

强健身体

海参羊肉汤

材料 羊肉 200 克，海参 40 克。

调料 姜末、葱段、胡椒粉、盐各适量。

做法

1 海参用温水泡软，剪开参体，除去内脏，洗净，再用开水煮 10 分钟左右，取出后连同水倒入碗内，泡 3 小时，切小块；羊肉洗净，焯去血水，切小块。

2 将羊肉块放入锅中，加适量水，小火炖煮，煮至将熟时，将海参块放入同煮，煮沸后再煮 15 分钟左右，加入姜末、葱段、胡椒粉、盐调味即可。

健脾暖胃

儿童长高益智

健脾养胃，吸收好、长得高

儿童正处于生长发育阶段，新陈代谢旺盛，对各种营养素的需求量高于成人，合理且科学的饮食能保证其健康成长。

儿童的饮食保健原则

1. 摄入谷类食物，应注意粗细粮合理搭配。荞麦、燕麦、玉米、小米等全谷类食物是粗粮，面条、米饭、白面包等是细粮。

2. 每天饮用 300～500 毫升牛奶。牛奶含钙量高，且钙的吸收利用率好，有助于骨骼发育。

3. 膳食应清淡、少盐、少油脂，避免食用肥甘厚腻及味重的食物。

4. 日常饮品应以白开水为主，每天饮水量为1000～1200 毫升。喝含糖量高的饮料会影响食欲，容易使儿童出现龋齿，还会引发肥胖，不利于儿童的健康成长。

5. 每天的饮食要包括以下几大类：（1）谷类及薯类：谷类包括米、面、杂粮，薯类包括土豆、红薯等；（2）动物性食物：包括肉、禽、蛋、奶、鱼等；（3）豆类和坚果：包括大豆、花生、核桃等；（4）蔬果：如西蓝花、大白菜、苹果、香蕉等。

中医养生堂

推天河水

位置：天河水位于前臂内侧正中腕横纹至肘横纹的一条直线上。

操作手法：左手抓紧小儿的手掌，右手的食指和中指并拢，然后用两指的指腹从手腕推向肘部，约推 5 分钟。

功效：推天河水能够缓解小儿发热、烦躁不安等症状。

南瓜牛肉汤

材料 南瓜 300 克，牛肉 250 克。

调料 盐、葱花、姜丝各适量。

做法

1 南瓜去皮、去瓤，洗净，切块备用。

2 牛肉洗净，去筋膜，切块，入沸水焯至变色，捞出，去血沫。

3 锅内倒入适量清水，大火烧开，放入牛肉块和姜丝，大火煮沸，转小火煮约 1.5 小时，加入南瓜块再煮 30 分钟，加盐调味，撒上葱花即可。

健脾开胃

绿豆黄瓜粥

材料 绿豆、黄瓜各 100 克。

调料 盐适量。

做法

1 绿豆洗净，浸泡 1 小时；黄瓜洗净，去蒂，切丁。

2 将绿豆与适量的水同放在锅内，置大火上煮沸，再转小火煮至绿豆开花，加入黄瓜丁，撒入盐即可。

清热解毒

苹果荸荠鲫鱼汤

材料 鲫鱼 1 条，苹果、荸荠各 100 克，蜜枣 2 颗。

调料 盐适量。

做法

1 苹果洗净，去皮除核，切块；荸荠去皮，洗净；鲫鱼去除鳃、鳞、内脏，洗净，切段。

2 锅中倒油烧热，放入鲫鱼段，煎至两面微黄，出锅。

3 苹果块、荸荠、蜜枣、鲫鱼段放入汤锅中，加入适量清水，大火煮沸，撇去浮沫，转小火煲 1 小时，加盐调味即可。

通便开胃

健脑开胃

核桃山楂汁

材料　核桃仁 150 克，冰糖 20 克，山楂 50 克。

做法

1 核桃仁加少许水，打成浆，装入容器中，再加适量凉白开调成稀浆。

2 山楂洗净，去核，切片，加水 500 毫升煎煮半小时，滤出汁备用，再加水煮，取汁，一二汁合并，重置火上，加入冰糖搅拌，待冰糖化开后，再缓缓倒入核桃仁浆，边倒边搅匀，烧至微沸即可。

缓解视疲劳

羊肝胡萝卜粥

材料　羊肝 50 克，胡萝卜、大米各 100 克。

调料　姜末、葱末、盐、胡椒粉各少许。

做法

1 羊肝洗净，切片；大米洗净，浸泡 30 分钟；胡萝卜洗净，去皮，切丁。

2 锅内加适量清水烧开，加入大米，大火煮开后转小火煮 20 分钟，加羊肝片、胡萝卜丁，调入盐、胡椒粉煮 5 分钟，撒葱末、姜末即可。

助力长高

排骨蛤蜊山药汤

材料　猪排骨 150 克，带壳蛤蜊 300 克，山药 100 克，枸杞子 5 克。

调料　葱段、姜丝、胡椒粉、料酒、盐、香油各适量。

做法

1 蛤蜊放入淡盐水中使其吐净泥沙，洗净；猪排骨洗净，剁成块；山药洗净，去皮，切块；枸杞子洗净。

2 锅内加适量清水，放入排骨块、山药块、蛤蜊、少许姜丝、葱段、料酒煮开，转小火煲约 2 小时，再放入枸杞子煮沸，用盐、胡椒粉和香油调味即可。

甘蔗金银花茶

材料 金银花 10 克，甘蔗 500 克。

做法

1 金银花挑净杂质，洗净浮尘；甘蔗削去硬皮，取甘蔗肉切小块，放入榨汁机中榨汁。

2 锅置火上，放入金银花和 300 毫升清水，大火烧开后转小火煎至锅中的水剩下约 100 毫升，去渣取汁，倒入大杯中，凉至温热，取 100 毫升甘蔗汁倒入其中，搅拌均匀即可。

清热祛湿

胡萝卜羊肉汤

材料 羊腿肉 200 克，胡萝卜 100 克。

调料 姜丝、蒜末、盐各适量。

做法

1 羊腿肉洗净，横刀切成块，放入沸水中焯烫，冲去浮沫；胡萝卜洗净，切块备用。

2 将羊腿肉块、胡萝卜块放入锅中，加水同煮 15 分钟后捞出备用。

3 锅置火上，倒适量油烧热，放入姜丝、蒜末爆香，放入羊腿肉块、胡萝卜块、清水，大火煮沸后转小火煮至羊腿肉熟烂，再加少许盐稍煮片刻即可。

长高益智

牛奶南瓜粥

材料 大米、南瓜各 100 克，牛奶 80 克。

调料 冰糖适量。

做法

1 大米淘洗干净；南瓜去皮去瓤，洗净，切块，蒸软。

2 锅置火上，放入大米和适量清水煮成烂粥，加入南瓜，用冰糖调味，调入牛奶即可。

强健筋骨

健脾养胃

山药糯米粥

材料 糯米 100 克，山药 80 克，莲子 10 克，红枣 6 枚。

调料 红糖少许。

做法

1 糯米淘洗干净，用清水浸泡 3~4 小时；山药去皮，洗净，切块；莲子用清水泡软，去薄皮；红枣洗净。

2 锅置火上，放入糯米、山药块、莲子、红枣和适量清水，大火烧开后转小火煮至米粒熟烂，加红糖搅拌至化即可。

抗过敏

枣泥羹

材料 红枣 20 枚，糯米粉适量。

调料 冰糖少许。

做法

1 红枣洗净，蒸熟，去核，压成枣泥；糯米粉加水，调成糯米糊。

2 锅置火上，倒入适量清水，放入枣泥搅动，煮沸后用小火慢慢熬煮，将糯米糊缓缓倒入锅中，慢慢搅动，加入冰糖即可。

健脑益智

羊肝枸杞松仁粥

材料 大米 100 克，羊肝 80 克，松子仁 15 克，枸杞子 10 克。

调料 高汤 500 克，香菜末、葱末、盐各适量。

做法

1 羊肝洗净，切片；大米洗净，浸泡 30 分钟；枸杞子洗净。

2 锅置火上，倒入高汤和适量清水大火烧开，加大米大火煮沸后转小火煮 25 分钟，加羊肝片、松子仁、枸杞子，继续熬煮 5 分钟，加盐、葱末、香菜末调味即可。

第 四 章

做自己的
"医生"，
对症汤羹粥饮

小病小痛绕着走

感冒

合理饮食有助于防治感冒

饮食健康，能为身体提供足够的热量和营养物质，可提高人体抵抗力，帮助阻拦感冒病毒、细菌的侵袭。

感冒这样吃，缓解症状、好得快

1.饮食宜清淡。要多喝水、菜汤及鲜榨果汁。大量喝水，可补充因发热流失的水分，还能促进人体代谢，帮助身体恢复。

2.忌食一切滋补、油腻的食物。避免饮用酒和浓茶，以免影响睡眠，不利于恢复。

3.风寒感冒忌食生冷瓜果及冷饮等，食用生冷食物会加重风寒咳嗽。

4.风热感冒忌食辣椒、芥末等辛辣刺激性食物，以免助火生痰。

切忌乱用感冒药

许多人患了感冒为使病情尽快好转，常常同时服用多种药物进行治疗，其实这是一种错误的做法。身体抵抗力强的人，一般可不经任何药物治疗而自愈，吃药反而会产生抗药性；但婴幼儿、老年人及体弱者感冒常可诱发或加重某些疾病，合理选用必要的抗感冒药是正确的。

乌鸡糯米葱白粥

材料 乌鸡腿1根，葱白段30克，糯米100克。

调料 盐适量。

做法

1 乌鸡腿洗净，切块，焯水后捞出，沥干；糯米洗净，浸泡1小时。

2 将乌鸡腿块放入锅中，加适量清水，大火煮开后转小火煮15分钟，放入糯米，大火煮开后转小火煮30分钟，加入盐、葱白段焖片刻即可。

祛风寒

奶香姜韭羹

材料 韭菜200克，牛奶500克。

调料 姜末适量。

做法

1 韭菜择洗干净，切成末。

2 将姜末、韭菜末放入同一容器中，捣成汁，将汁液倒入汤锅内。

3 汤锅置火上，倒入牛奶，煮沸即可。

提神醒脑

醪糟鸡蛋羹

材料 醪糟（米酒）300克，鸡蛋2个。

调料 冰糖适量。

做法

1 鸡蛋打入碗中，搅打成蛋液。

2 锅中倒入醪糟（米酒）和适量清水，大火烧开，倒入鸡蛋液，快速搅拌，煮沸后加冰糖调味即可。

促进体力恢复

散寒发汗

生姜红糖葱白粥

材料 生姜、葱白段各 10 克，大米 100 克。

调料 红糖适量。

做法

1 生姜洗净，切末；大米淘洗干净，浸泡 30 分钟。

2 锅内加水烧开，放入大米煮至五成熟时，加入姜末、葱白段、红糖，煮至粥熟即可。

解表散风

姜粥

材料 大米 100 克，枸杞子 10 克，姜末 25 克。

做法

1 大米洗净，用水浸泡 30 分钟；枸杞子洗净。

2 锅内加适量清水烧开，加入大米、姜末煮开后转小火煮 30 分钟，加入枸杞子，小火熬煮 10 分钟即可。

温经散寒

驱寒姜枣粥

材料 鲜玉米粒 50 克，鲜豌豆 30 克，红枣 6 枚，大米 100 克，姜片 15 克。

做法

1 大米洗净，用水浸泡 30 分钟；鲜豌豆、鲜玉米粒洗净；红枣洗净，去核。

2 锅内加适量清水烧开，加入大米，大火煮开后转小火煮 10 分钟，加入姜片、红枣、鲜豌豆与鲜玉米粒，继续煮 20 分钟即可。

金银花薄荷茶

材料 金银花 12 克，薄荷 9 克。

调料 蜂蜜适量。

做法

1 金银花、薄荷洗净浮尘。

2 金银花放入锅中，加适量水煮沸，下入薄荷煮 5 分钟，去渣取汁。

3 将过滤好的汤汁凉凉，调入蜂蜜即可。

辛凉解表

薄荷玉米粥

材料 玉米粒 100 克，大米 50 克，干薄荷 10 克。

调料 冰糖适量。

做法

1 薄荷洗净，下锅煮 15 分钟，捞出，留汤汁；大米洗净，浸泡 30 分钟；玉米粒洗净，用水泡 2 小时。

2 将玉米粒和大米一同下入盛薄荷汁的锅中，用大火烧沸后转中小火煮 30 分钟，放入冰糖煮化即可。

清热泻火

白萝卜紫菜汤

材料 白萝卜 150 克，紫菜 5 克。

调料 盐、香油各适量。

做法

1 白萝卜洗净，去皮，剖成两半，切成半圆形薄片。

2 锅内加适量清水烧开，放入白萝卜片煮 10 分钟，加盐、紫菜稍煮，放入香油即可。

预防感冒

咳嗽

『咳』不容缓

咳嗽是呼吸道疾病常见的症状之一，往往伴有咳痰。很多患者对咳嗽不够重视，不进行相关治疗，往往会使咳嗽持续较长时间，影响健康和日常生活。如果在咳嗽未愈期间注意饮食调理，再配合相应治疗，可以收到事半功倍的效果。

咳嗽这样吃，化痰止咳、缩短病程

1.饮食宜清淡。饮食应以新鲜蔬菜为主，适当吃些豆制品，可食用少量瘦肉或禽蛋类食物。食物应以蒸煮为主。少食煎炸食物和辛辣食物。煎炸食物和辛辣食物均可产生内热，加重咳嗽。

2.忌食寒凉、生冷食物，否则容易加重咳嗽症状，而且会伤脾胃，造成脾功能失调，聚湿生痰。

3.少食柑橘类水果。这类水果易生热生痰，导致反复咳嗽。

4.禁食肥甘厚腻的食物。这些食物可产生内热，同时易生痰生湿，加重咳嗽。

减少环境因素的刺激

频繁进出空调房，或长时间待在空气混浊、过分干燥的室内，都可能引起咽干咽痒、咳嗽连连。要注意规避尘螨、宠物毛、蟑螂、花粉、装修污染等常见过敏原。

银耳莲子糯米燕窝粥

材料 燕窝（干品）10 克，干银耳 5 克，糯米 100 克，莲子、枸杞子各 15 克，红枣 3 枚。

做法

1. 燕窝用清水泡发 6 小时；糯米洗净，浸泡 1 小时；莲子洗净，浸泡 1 小时；干银耳泡软后撕小朵；红枣、枸杞子洗净。
2. 锅内加适量水烧开，放入糯米、莲子，大火煮沸后转小火，炖煮 30 分钟。
3. 加入银耳炖煮 10 分钟，再加入燕窝、红枣、枸杞子炖煮 5 分钟即可。

润肺止咳

杏仁酸梅粥

材料 苦杏仁 20 克，酸梅 8 克，大米 80 克。

调料 冰糖 5 克。

做法

1. 苦杏仁用沸水焯去皮，除去尖，洗净；酸梅洗净；冰糖打碎；大米洗净，浸泡 30 分钟。
2. 将苦杏仁、酸梅、大米一同放入开水锅内，大火烧沸，转用小火煮 40 分钟，加入冰糖碎煮至化开即可。

止咳化痰

银耳百合雪梨汤

材料 雪梨 2 个，水发银耳 100 克，干百合 10 克。

调料 冰糖适量。

做法

1. 雪梨洗净，去皮除核，切块；干百合洗净，用水泡软；银耳洗净，撕成小朵。
2. 锅置火上，将撕好的银耳放入锅内，加入 1000 毫升清水，大火烧开后转小火炖煮至银耳软烂，再放入百合、冰糖和雪梨块，加盖继续用小火慢炖至雪梨块软烂即可。

滋阴润肺

润肺止咳

白萝卜牛肉粥

材料 牛肉、大米、小米、白萝卜各50克。

调料 盐、料酒各适量，葱末、姜末各少许。

做法

1 大米、小米洗净，浸泡30分钟；牛肉洗净，切小块，放入姜末、葱末、料酒腌制入味；白萝卜去皮，洗净，切块。

2 锅内加入适量水烧开，放入牛肉块、小米和大米，大火煮开后转小火煮20分钟，加入白萝卜块，继续煮20分钟，加入葱末、盐调味即可。

润燥清肺

鲜藕枇杷百合粥

材料 鲜藕、鲜百合、枇杷各30克，小米100克。

做法

1 百合洗净；藕洗净，去皮，切片；枇杷洗净，去皮除核；小米洗净。

2 锅置火上，加适量清水，放入藕片，加入小米同煮，待米熟时，加入百合、枇杷一起煮沸，转小火煮至粥黏稠即可。

止咳化痰

瘦肉白菜汤

材料 猪瘦肉、白菜心各100克。

调料 盐、姜片、蒜片各适量。

做法

1 白菜心洗净，切丝，放入沸水中焯一下，沥干水分待用；猪瘦肉洗净，切丝。

2 锅内倒油，烧至五成热，放入蒜片，炒至金黄色，加瘦肉丝与姜片合炒，加适量清水煮熟，再加白菜心煮沸，加盐调味即可。

绿茶荷叶消暑粥

材料 新鲜荷叶（或干荷叶）1 张，绿茶、枸杞子各 10 克，大米 100 克。

调料 冰糖适量。

做法

1 大米洗净，用清水浸泡 30 分钟；荷叶撕成小片，洗净备用；绿茶用纱布包好；枸杞子洗净，用温水浸泡 10 分钟。

2 锅内放适量清水烧开，放入茶叶包，当煮到茶色明显时，取出茶叶包，加入大米煮沸，转小火熬煮 30 分钟；加入荷叶片，继续熬煮 10 分钟，捞出荷叶弃用；加入枸杞子、冰糖，继续熬煮 5 分钟至冰糖化开即可。

清热降火

利咽明目

川贝冰糖炖雪梨

材料 雪梨 1 个，川贝 10 克。

调料 冰糖适量。

做法

1 雪梨洗净，从顶部切下梨盖，再用勺子将梨心挖掉，中间加入洗净的川贝和冰糖。

2 用刚切好的梨盖将梨盖好，拿几根牙签从上往下固定住。

3 将梨放在大碗里，加水，放在锅中隔水炖 30 分钟左右，直至整个梨变成半透明即可。

清肺化痰

百合双豆甜汤

材料 绿豆、红腰豆各 50 克，干百合 5 克。

调料 冰糖适量。

做法

1 绿豆、红腰豆洗净，用清水浸泡 3~4 小时；干百合用清水泡软，洗净备用。

2 锅置火上，将泡好的绿豆、红腰豆放入锅内，加 1200 毫升清水大火煮沸，转小火煮至豆子软烂，再放入百合和冰糖稍煮片刻即可。

滋阴清热

润肺止咳

食欲不振

开胃促食，吃啥都香

食欲不振导致进食减少，机体对营养成分与热量的摄入也相应减少，进而影响健康。在造成食欲不振的众多原因中，饮食结构不合理及不良的饮食习惯是主因，因此，从调整饮食入手，是改善食欲不振的明智选择。

食欲不振这样吃，打开胃口、吃饭香

1. 选用合适的烹调方法，如做成汤、羹、粥等，保证饭菜的色、香、味以增强食欲。

2. 可适当食用酸味食物。

3. 戒除过量饮酒或每餐必饮酒的习惯。

4. 避免过多摄入油腻、生冷食物等。

快乐地就餐

保持愉快、舒畅的心情，有益于人体对食物的消化和吸收。就餐时应专心，避免考虑复杂、忧心的问题，同时避免就餐时争论问题。注意营造良好的就餐环境：光线充足、温度适宜、餐具清洁卫生等，都能增强食欲。

避免过度劳累

无论是体力劳动还是脑力劳动，过度劳累都会引起胃肠供血不足、胃液分泌减少及胃肠功能紊乱，从而影响食欲。因此，在日常的生活、工作中一定要注意劳逸结合，避免过度劳累而导致食欲下降。

苋菜笋丝汤

材料 苋菜 100 克，冬笋 80 克，胡萝卜 50 克，干香菇 2 朵。

调料 盐、蘑菇高汤、姜末、料酒、香油各适量。

做法

1 苋菜去老根，洗净，焯水；冬笋去老皮，洗净，切丝，煮熟；干香菇泡发，洗净去蒂，切丝后焯水；胡萝卜洗净，切丝。

2 锅置火上，放油烧至六成热，煸香姜末，放入胡萝卜丝煸熟，烹入料酒，倒入适量蘑菇高汤，大火煮沸后放入笋丝、香菇丝煮 3 分钟，放入苋菜煮熟，加入盐、香油调味即可。

开胃通便

水果藕粉羹

材料 藕粉 15 克，苹果、雪梨、菠萝各 50 克，葡萄干 10 克。

调料 冰糖适量。

做法

1 将各种水果洗净后去皮，切成丁；藕粉加入适量温水调成糊。

2 锅中加入适量水，放水果丁、葡萄干，加适量冰糖。

3 烧开后煮 2~3 分钟，用藕粉糊勾芡，至羹黏稠即可。

益胃生津

酸辣汤

材料 猪里脊 100 克，水发木耳 20 克，胡萝卜 30 克，鸡蛋 1 个。

调料 高汤 500 毫升，葱末、姜末各少许，盐、胡椒粉、醋、水淀粉各适量。

做法

1 猪里脊、木耳、胡萝卜分别洗净，切丝，放入沸水中焯烫；鸡蛋打入碗中，打匀。

2 锅置火上，倒植物油烧热，爆香姜末，再放入肉丝、木耳丝、胡萝卜丝炒熟，加入盐、胡椒粉、高汤煮沸，倒入蛋液煮沸，再用水淀粉勾芡，放葱末，盛起前淋上醋即可。

开胃促食

增强食欲

番茄枸杞玉米羹

材料　玉米粒 200 克，番茄 50 克，枸杞子 10 克，鸡蛋 1 个。

调料　盐、香油、水淀粉各适量。

做法

1 玉米粒洗净；番茄洗净，去蒂，切块；枸杞子洗净；鸡蛋取蛋清打匀。

2 锅置火上，加适量水，倒入玉米粒煮沸，转中小火煮 5 分钟，放入番茄块、枸杞子烧开，用水淀粉勾芡，加入鸡蛋清搅匀，加盐，淋入香油即可。

促进消化

莱菔子山楂粥

材料　山楂 20 克，炒莱菔子、茯苓各 10 克，大米 100 克。

做法

1 大米洗净，浸泡 30 分钟；山楂（去核）、炒莱菔子、茯苓洗净，加适量清水，小火煎煮 30 分钟，去渣取汁。

2 锅内加适量清水，倒入药汁烧开，加入大米大火煮沸，转小火慢慢熬煮 30 分钟左右即可。

润喉开胃

鸡丝莼菜汤

材料　鲜莼菜 150 克，鸡胸肉 80 克，鲜香菇 100 克。

调料　葱末、盐、水淀粉、香油各适量。

做法

1 莼菜洗净，用沸水烫一下，捞出盛入碗中备用；鲜香菇洗净，切丝备用；鸡胸肉洗净，焯熟，撕丝备用。

2 将鸡丝、香菇丝放入煮过鸡胸肉的汤里，大火煮沸后，放入莼菜煮熟，用水淀粉勾芡，加入盐、葱末、香油调味即可。

圆白菜胡萝卜汤

材料　圆白菜 150 克，胡萝卜、番茄各 50 克。

调料　葱段、姜末各少许，盐、香油、花椒各适量。

做法

1 圆白菜洗净，沥干，切丝；胡萝卜洗净，切小块；番茄洗净，切块。

2 锅置火上，倒入植物油烧热，加入花椒，炸出香味后将花椒捞出不用；放入葱段稍炸，再放入胡萝卜块、番茄块和圆白菜丝翻炒几下，加盐和姜末炒匀，倒入适量水煮沸，滴上香油即可。

预防便秘

冰糖炖木瓜银耳

材料　木瓜 200 克，干银耳 5 克，南杏仁、北杏仁各少许。

调料　冰糖适量。

做法

1 木瓜去皮除子，切小块；干银耳泡发去蒂，洗净；南杏仁、北杏仁洗净。

2 将木瓜块、银耳、南杏仁、北杏仁、冰糖及适量清水放进炖盅内，加盖，隔水炖 1 小时即可。

润肺消食

胡萝卜豆腐蛋花汤

材料　豆腐 200 克，胡萝卜、菠菜各 100 克，鸡蛋 1 个。

调料　姜汁、料酒、盐各适量。

做法

1 菠菜择洗干净，焯水，切段；胡萝卜洗净，去皮，切块；豆腐洗净，焯水，捞出沥水，放入碗中，打入鸡蛋，加料酒、盐搅拌成蓉。

2 锅中加入适量清水、胡萝卜块，煮沸，放入豆腐蓉，待豆腐蓉浮起时放入菠菜段稍煮，加盐、姜汁调味即可。

增强食欲

口臭

不用再嚼口香糖

口臭除因疾病引起，还与日常饮食有关。如果食用过多冰冷的食物，伤及脾胃，胃气下降的功能被抑制，就会造成不同程度的胃气上逆，将胃酸逆向推入口腔，就容易导致口臭。另外，爱吃葱、蒜等也会引起口臭。

口臭这样吃，口气清新、去胃火

1. 多吃一些新鲜蔬果，有助于清胃火。

2. 避免过多地食用富含蛋白质的动物性食物，如肉类、蛋类、鱼类、奶渣等。

3. 避免食用咖喱、辣椒等辛辣刺激性食物，避免饮酒，以免生胃火，引起口臭。

4. 不要吃得过饱，尤其晚饭吃七分饱即可，饭后至少半小时后再休息。

5. 每天清晨空腹喝一杯温的淡盐水，可调节胃肠功能，有助于消除口臭。

限制甜食的摄入

摄入过多糖分会引发龋齿、牙龈炎、牙周炎、口腔黏膜炎、蛀牙、牙周病等口腔疾病，使各种病菌在口腔内繁殖，分解产生出硫化物，发出腐败的味道，而产生口臭。应限制甜食的摄入，不要频繁喝含糖饮料，尤其在睡前一定不要吃甜食。

酸梅汤

材料 乌梅 10 粒，干山楂片 30 片。

调料 冰糖少许。

做法

1 乌梅、干山楂片洗净浮尘，用清水浸泡 3~5 分钟。

2 砂锅置火上，放入乌梅、山楂片，倒入约 1500 毫升清水，大火烧开后转小火煮 30~40 分钟，加冰糖熬煮至化开，关火，自然冷却，滤去乌梅和山楂片饮用即可。

去胃火

陈皮姜茶

材料 陈皮 20 克，生姜片 10 克，甘草 5 克，茶叶 5 克。

做法

1 陈皮、甘草洗净浮尘。

2 先将 1000 毫升水烧开，再将陈皮、生姜片、甘草与茶叶投入，泡 10 分钟左右，去渣饮用即可。

健胃消食

木耳白菜汤

材料 水发木耳 80 克，大白菜 150 克，虾皮 5 克，水发海带 20 克。

调料 清汤 600 毫升，葱丝、姜片各少许，盐、香油各适量。

做法

1 木耳洗净，撕成小朵；大白菜、水发海带分别洗净，切片。

2 锅置火上，倒植物油烧热，用葱丝、姜片、虾皮炝锅，放入大白菜片、木耳煸炒，加入海带片、清汤煮熟，放入盐、香油调味即可。

润肠清火

鱼腥草薄荷茶

消炎去火

材料 鱼腥草10克，薄荷叶干品5克，甘草4克。

做法

1 鱼腥草、薄荷叶、甘草洗净浮尘。
2 将上述材料一起放入杯中，冲入沸水，盖盖子闷泡约5分钟即可饮用。

萝卜蛤蜊汤

去胃火

材料 带壳蛤蜊500克，白萝卜100克。

调料 香菜末、葱花、姜丝、胡椒粉、盐、香油各适量。

做法

1 将蛤蜊放入淡盐水中使其吐净泥沙，洗净，煮熟，取肉；白萝卜洗净，切丝。
2 汤锅置火上，加葱花、姜丝和适量煮蛤蜊的原汤，放入白萝卜丝煮熟，再放入蛤蜊肉煮沸，用盐、胡椒粉和香油调味，撒上香菜末即可。

柠檬豆花羹

清热润燥

材料 内酯豆腐1盒，柠檬1个。

调料 冰糖、盐各适量。

做法

1 内酯豆腐从盒中取出；柠檬洗净，切成两半，一半榨汁，一半去皮、切细丝。
2 热锅中加入适量冰糖炒至化开，加适量清水和柠檬汁，煮3分钟成糖汁。
3 另起锅，锅中加适量清水和盐烧开，放入内酯豆腐煮约5分钟，捞出后切块，放入碗中，浇上糖汁，撒上柠檬丝即可。

陈皮红茶

材料 陈皮 15 克，红茶适量。

做法

1 陈皮洗净浮尘。
2 将陈皮、红茶一起放入杯中，冲入沸水，盖盖子闷泡约 5 分钟即可饮用。

消除口臭

薄荷洋甘菊茶

材料 薄荷叶干品 6 克，洋甘菊 8 朵，茴香 6 克，鲜姜 2 片。

做法

1 薄荷叶、洋甘菊、茴香洗净浮尘。
2 将所有材料一起放入杯中，冲入沸水，盖盖子闷泡约 5 分钟即可饮用。

清热去火

茉莉桂花茶

材料 茉莉花 6 克，桂花 6 克。

做法

1 茉莉花、桂花洗净浮尘。
2 将上述材料一起放入杯中，冲入沸水，盖盖子闷泡 3~5 分钟即可饮用。

清新口气

口腔溃疡

让口腔享受健康的快乐

口腔溃疡是口腔黏膜疾病中常见的溃疡性损害，有周期复发的特点，与食用过多辛辣油炸食物有关系。合理饮食有助于改善口腔溃疡。

口腔溃疡这样吃，缓解疼痛、愈合快

1.饮食宜以清淡、温软的食物为主，可食用各种蔬菜粥、蛋汤、菜汤等。

2.粗细粮搭配，荤素搭配。适当多食用糙米、绿叶菜、瘦肉、奶类、坚果类等富含 B 族维生素的食物。

3.每天保证充足的水分摄入。

4.忌食辛辣刺激性食物和煎、炸、烧烤类食物，如烤羊肉、炸糕、油饼、油条等，避免刺激溃疡面。

辨证饮食

口腔溃疡也分虚实，要辨证饮食才能更快治愈。实火型口腔溃疡表面呈黄色，溃疡面大，红肿热痛，伴有口臭口干、便秘尿黄等症状，起病急，病程短。患者要吃些清热解毒的食物，如西瓜、绿豆、苦瓜、丝瓜、冬瓜等。虚火型口腔溃疡表面呈白色，溃疡面小，隐隐作痛，易伴有心烦失眠、口干、手脚心热等症状，病程较长，还易反复发作。虚火重的人适宜吃些养阴清热的食物，如银耳、梨、荸荠、藕等。

荸荠莲藕汤

材料 荸荠 200 克，莲藕 150 克。

调料 冰糖适量。

做法

1 荸荠洗净，去皮；莲藕去皮，洗净，切小块。

2 砂锅加适量清水，将荸荠、莲藕块一同入锅，小火煮 20 分钟，加入冰糖再煮 10 分钟即可。

金银花蒲公英茶

材料 金银花、蒲公英各 5 克。

做法

1 金银花、蒲公英洗净浮尘。

2 将上述材料一起放入杯中，冲入沸水，盖盖子闷泡约 8 分钟即可饮用。

西瓜莲藕汁

材料 西瓜（去皮去子）、莲藕各 100 克，苹果、梨各 80 克，番茄 50 克。

调料 蜂蜜适量。

做法

1 苹果、梨、番茄、莲藕分别洗净，去皮，切小块；西瓜切小块。

2 所有材料放入榨汁机，一起榨成水果汁盛出，调入蜂蜜搅匀即可。

皮蛋瘦肉粥

清热去火

材料 皮蛋 1 个，猪瘦肉 50 克，大米 100 克。

调料 葱花、盐各适量。

做法

1 皮蛋剥壳，切丁；猪瘦肉洗净，切丁，用盐腌渍 10 分钟；大米淘洗干净，浸泡 30 分钟。

2 锅置火上，倒入清水、大米，大火煮沸，转小火煮 20 分钟。

3 加入猪肉丁、皮蛋丁煮沸，转小火煮 20 分钟，加葱花、盐调味即可。

生地莲心汤

清火解毒

材料 生地 9 克，莲心、甘草各 6 克。

做法

1 生地、莲心、甘草洗净浮尘。

2 将上述材料一起放入杯中，冲入沸水，盖盖子闷泡约 5 分钟即可饮用。

陈皮苏叶粥

消炎去火

材料 紫苏叶、陈皮各 10 克，大米 100 克。

做法

1 大米洗净，浸泡 30 分钟；陈皮、紫苏叶洗净。

2 将紫苏叶放入锅中，加入适量清水，煎煮 15 分钟左右，滤渣留汤；放入大米和陈皮，煮至粥稠即可。

菊槐茉莉茶

材料 菊花3朵，槐花、茉莉花各3克。

做法

1 菊花、槐花、茉莉花洗净浮尘。

2 将上述材料一起放入杯中，冲入沸水，盖盖子闷泡约5分钟即可饮用。

清内火

苦瓜豆腐瘦肉汤

材料 苦瓜150克，猪瘦肉60克，豆腐100克。

调料 盐、香油各少许，料酒、酱油、水淀粉各适量。

做法

1 苦瓜洗净，一剖两半，去瓤，切片；豆腐洗净，切块；猪瘦肉洗净，切丁，加料酒、香油、酱油腌10分钟。

2 锅内倒油烧热，下肉丁滑散，加入苦瓜片翻炒数下，加入沸水、豆腐块煮熟，加盐调味，用水淀粉勾薄芡，淋上香油即可。

清热降火

莲心甘草茶

材料 莲心、甘草各4克。

做法

1 莲心、甘草洗净浮尘。

2 将上述材料一起放入杯中，冲入沸水，盖盖子闷泡约5分钟即可饮用。

去心火

睡眠不佳

一觉睡到自然醒

近些年来，失眠的发病率日趋上升，究其原因，很大部分与人们的生活方式有关，其中包括不良的饮食习惯。因此，人们可以通过饮食来改善自己的睡眠。了解并合理选用身边的"催眠"食物，可以让你一觉睡到自然醒。

睡眠不佳这样吃，入睡快

1.选择富含色氨酸的食物，色氨酸会在人体内转化成血清素，有助于镇静、安眠。

2.适量摄取富含碳水化合物的食物，以刺激胰岛素分泌，促进色氨酸转化为血清素，帮助人入眠。

3.摄入具有营养神经功能的 B 族维生素，特别是维生素 B_1、维生素 B_2、维生素 B_6、维生素 B_{12}。

4.睡前避免饮用茶、咖啡、可乐等含咖啡因的饮料，避免大量饮酒。

5.睡前避免进食过多易产气或添加刺激性调味品的食物。

6.晚餐不宜吃得太晚，也不宜吃得太饱。晚餐也不可过于油腻。

养成早睡早起的习惯

每天早上能准时起床并接受阳光照射，有助于调节生物钟。配以适量运动，对预防失眠有益。

莲子炖猪肚

材料 猪肚 1 个，莲子（去心）40 粒。

调料 面粉、盐、姜丝各适量。

做法

1 猪肚用面粉、盐分别揉搓，反复清洗干净；莲子洗净。

2 将莲子放入洗好的猪肚内，用线缝合好，放入盘内，隔水炖至猪肚熟，取出凉凉后去线切块。

3 锅置火上，放油烧热，下姜丝煸香，放入猪肚、莲子烩炒，加适量清水烧沸，用盐调味即可。

促进睡眠

山药奶肉羹

材料 羊瘦肉 400 克，山药、牛奶各 100 克。

调料 盐、姜片各适量。

做法

1 羊瘦肉洗净，切成块；山药去皮，洗净，切成厚片。

2 砂锅置火上，将羊肉块与姜片一起放入锅内，加适量清水，用小火炖熟。

3 加山药厚片煮烂，再加入牛奶煮沸，加盐调味即可。

健脾安神

枸杞百合豆浆

材料 黄豆 50 克，枸杞子、鲜百合各 25 克。

做法

1 黄豆洗净，用清水浸泡 10～12 小时；百合择洗干净，分瓣；枸杞子洗净，用清水泡软。

2 将黄豆、枸杞子和百合倒入全自动豆浆机中，加水至上下水位线之间，煮至豆浆机提示豆浆做好即可。

镇静催眠

促进睡眠

薰衣草罗兰茶

材料 薰衣草、紫罗兰各5克，粉玫瑰4朵，鲜柠檬1片。

做法

1 薰衣草、紫罗兰、粉玫瑰洗净浮尘。
2 将粉玫瑰、薰衣草、紫罗兰一起放入杯中，冲入沸水，盖盖子闷泡约5分钟。
3 将柠檬片挤出汁液滴入，再整片放入杯中即可饮用。

安神助眠

红糖小米粥

材料 小米、大米各50克。

调料 红糖适量。

做法

1 小米、大米淘洗干净。
2 锅置火上，倒入大米、小米和适量清水，大火烧沸，转小火熬煮至米粒熟烂，加红糖搅匀即可。

宁心安神

红枣莲子鸡汤

材料 鸡肉200克，枸杞子10克，莲子60克，红枣5枚。

调料 盐适量。

做法

1 枸杞子、红枣洗净；鸡肉洗净，切块；莲子洗净备用。
2 将所有食材放入锅中，加适量水，大火煮沸，撇去浮沫，转小火焖煮至食材软烂，加盐调味即可。

高丽参炖鸡

材料　净童子鸡1只（500克），糯米30克，水参（高丽参的一种）1根，板栗肉50克，枸杞子10克，红枣3枚。

调料　蒜瓣、姜片、胡椒粉、盐各适量。

做法

1 糯米洗净，浸泡3~4小时；红枣洗净；水参洗净浮尘；枸杞子洗净。

2 鸡剁掉头和爪，掏出内脏，洗净；放入泡好的糯米、板栗肉、红枣、水参、枸杞子、蒜瓣，并用线把鸡肚缝好。

3 锅内放适量清水，放入鸡和姜片煮1.5小时左右，加盐、胡椒粉调味即可。

养颜安神

茯苓白术茶

材料　茯苓、黄芪各15克，白术10克。

做法

1 茯苓、黄芪、白术洗净浮尘。

2 将上述材料一起放入砂锅中，倒入适量清水，大火烧沸，转小火煎煮20分钟，滤取汤汁，即可饮用。

改善睡眠障碍

山楂红枣莲子粥

材料　大米100克，山楂肉50克，红枣8枚，莲子30克。

做法

1 大米洗净，用水浸泡30分钟；红枣、莲子洗净，红枣去核，莲子去心；山楂肉洗净。

2 锅内加入适量清水烧开，加大米、红枣和莲子烧沸，待莲子煮熟烂后放山楂肉，熬煮成粥即可。

促进睡眠

消除心烦

头痛

解除头上的『紧箍咒』

最新研究发现，饮食习惯不良或摄入某些食物也会诱发头痛，如摄入奶酪、熏鱼、酒类和巧克力等易引起头痛。食疗的目的是预防和减轻症状，对已经确定的可诱发头痛的饮食因素应予以避免。

头痛这样吃，通气血、缓解疼痛

1.远离富含酪氨酸的奶酪、巧克力、香肠等食物，以免促进前列腺素合成，引起血管强烈舒张，导致头痛发作。

2.避免饮用酒、浓茶、咖啡，以免因神经兴奋而诱发头痛。

3.不宜暴饮暴食或过度节食，以免因神经血管紊乱而诱发头痛。

远离香烟

现代医学研究已证明，吸烟与头痛有一定的关系，香烟中的烟碱对血管张力、血液流变性变化有影响，血液流变性异常本身就可造成头痛。另外，烟雾中的一氧化碳可使大脑供氧不足，引起脑血管扩张而导致头痛。因此，头痛患者一定要远离香烟。

天麻蒸蛋羹

材料　鸡蛋3个，天麻10克。

调料　盐、香油、葱花各适量。

做法

1 鸡蛋打入蒸盘内；天麻洗净烘干，打成细粉。

2 将葱花、天麻粉、盐、香油放入鸡蛋蒸盘内，加适量清水搅匀。

3 将蒸盘置蒸笼内大火蒸3分钟左右，再用中小火蒸5分钟即可。

镇痛安神

紫菜豆腐汤

材料　免洗紫菜5克，豆腐200克。

调料　盐、酱油、胡椒粉、香油各少许。

做法

1 紫菜撕碎；豆腐洗净，切块。

2 砂锅置火上，加入适量水，烧沸后放入豆腐块煮沸，放入盐、酱油调味，加入紫菜煮沸，再放入胡椒粉搅匀，待汤汁再次沸腾后，淋入香油即可。

补镁安神

桂圆莲子八宝粥

材料　糯米200克，红枣、板栗各10枚，花生米、核桃仁、红豆各50克，莲子10粒，桂圆肉20克。

调料　冰糖、桂花各适量。

做法

1 红枣洗净，除核；板栗去壳及皮，洗净后切块；糯米、红豆、莲子洗净；桂圆肉洗净，切成小丁。

2 锅置火上，加入适量清水，大火煮沸，放入糯米、红豆、花生米、板栗块、核桃仁和莲子同煮。

3 待红豆煮烂时，放入红枣、桂圆肉丁，小火煮至粥黏稠，加入冰糖搅匀，撒上桂花即可。

补血安神

疏风止痛

菊花绿豆浆

材料　绿豆 80 克，菊花 10 朵。

调料　冰糖适量。

做法

1 绿豆淘洗干净，用清水浸泡 4~6 小时；菊花洗净浮尘。

2 将绿豆和菊花倒入全自动豆浆机中，加水至上下水位线之间，煮至豆浆机提示豆浆做好，过滤后加冰糖搅拌至化开即可。

疏风止痛

参须红枣鸡骨汤

材料　鸡骨架 500 克，红枣 5 枚，参须 10 克。

调料　盐、料酒各适量。

做法

1 鸡骨架洗净，剁块，入沸水焯烫，冲去血水备用；红枣浸泡片刻，洗净，去核；参须洗净。

2 将鸡骨架块、参须、红枣、适量清水一起加入锅内，大火烧沸，加入料酒，转小火炖 40 分钟，加入盐即可。

镇痛健脑

天麻鱼头汤

材料　鲢鱼头 1 个，天麻 10 克。

调料　姜片少许，料酒、盐各适量。

做法

1 天麻洗净浮尘；鲢鱼头去鳞、鳃，洗净，沥干水分，从下颌部剖开。

2 锅置火上，倒油烧至五成热，放入鱼头煎至两面微黄。

3 鱼头盛入汤锅中，加入天麻、姜片、料酒和适量清水，大火煮沸后转小火，煮至鱼头熟透，加盐调味即可。

罗汉果乌梅茶

材料　罗汉果 1 个，五味子 5 克，乌梅 6 克，甘草 3 克。

做法

1 罗汉果、五味子、乌梅、甘草洗净浮尘，乌梅去核。

2 将罗汉果、乌梅捣碎，与其他材料一起放入锅中，倒入适量清水，大火烧沸后，转小火煎煮 15 分钟即可饮用。

缓解头痛

藿香茶

材料　藿香叶 15 克。

做法

1 藿香叶洗净浮尘。

2 将藿香叶放入杯中，冲入沸水，盖盖子闷泡约 8 分钟即可饮用。

提神醒脑

金盏菊苦丁茶

材料　金盏菊 1 朵，苦丁茶 5 克。

做法

1 金盏菊洗净浮尘。

2 将金盏菊、苦丁茶一起放入杯中，冲入沸水，盖盖子闷泡约 5 分钟即可饮用。

去火醒脑

脱发

补充头发需要的营养

如今患脱发症的人越来越多，饮食不合理、熬夜都可能导致脱发。中医学认为，头发的生长与脱落反映肾中精气的盛衰，而饮食是影响肾气的重要因素。因此，只有满足头发的营养需求，才能拥有一头秀发。

脱发这样吃，拥有健康秀发

1. 补充铁。经常脱发的人体内常缺铁。

2. 补充优质蛋白质。摄入鸡蛋、牛奶、鱼虾、瘦肉、大豆制品等富含优质蛋白质的食物有助于修复人体组织，增强抵抗力和体力。

3. 避免长期过量食用纯糖类和脂肪类食物，特别要限制能引起头皮产生过多油脂的油腻食物及甜食的摄入，如炸鸡腿、巧克力等。

4. 忌食刺激性食物，禁酒。

切勿盲目节食

头发的生长需要很多微量元素和必需脂肪酸，但节食减肥的人通常缺乏这些使头发生长的重要物质，从而引起脱发。

莲藕黑豆汤

补肾固发

材料　莲藕250克，黑豆50克，红枣3枚。

调料　清汤2000毫升，姜丝、陈皮各少许，盐适量。

做法

1 黑豆干炒至豆壳裂开，洗去浮皮；莲藕去皮，洗净，切片；红枣洗净；陈皮洗净浮尘，浸软。

2 锅中倒入适量清汤烧开，放入莲藕片、黑豆、红枣、姜丝、陈皮煮开，转小火煮1小时，加盐调味即可。

核桃紫米粥

滋养头发

材料　核桃仁30克，葡萄干20粒，紫米100克。

调料　冰糖适量。

做法

1 葡萄干洗净；紫米淘洗干净，浸泡2小时。

2 锅置火上，加适量清水，放入紫米，大火煮沸，转小火熬煮至粥黏稠，加入葡萄干、冰糖继续煮15分钟，撒入核桃仁拌匀即可。

何首乌茶

防治脱发

材料　制何首乌10克。

做法

1 制何首乌洗净浮尘。

2 将制何首乌碎成小块，放入杯子，加入沸水，浸泡至颜色成棕红色即可饮用。

黑米红枣粥

材料 黑米 100 克，红枣 6 枚，枸杞子 20 克。

调料 冰糖少许。

做法

1 黑米洗净，浸泡 3～4 小时；红枣、枸杞子洗净备用。

2 锅置火上，倒入适量清水大火煮沸，放入黑米煮沸，加入红枣，转小火煮 30 分钟至粥黏稠，再加入枸杞子继续煮 5 分钟，用冰糖调味即可。

枸杞瘦肉羹

材料 枸杞子 10 克，猪瘦肉 100 克。

调料 葱末、盐、胡椒粉、水淀粉各适量。

做法

1 枸杞子洗净，用清水泡软，捞出，切碎；猪瘦肉洗净，剁成末。

2 锅置火上，倒油烧至七成热，炒香葱末，放入肉末煸至变色，倒入适量清水，大火烧开后转小火煮至肉末熟透，加枸杞子略煮，加盐调味，用水淀粉勾芡，撒上胡椒粉即可。

女贞芝麻瘦肉汤

材料 猪瘦肉 100 克，女贞子 10 克，黑芝麻 30 克。

调料 盐、姜片各适量。

做法

1 猪瘦肉洗净，切片；女贞子、黑芝麻洗净。

2 将所有食材放入锅中，加入姜片，加适量清水，大火煮沸后转小火煲 1 小时，加盐调味即可。

芝麻核桃黑米粥

材料 黑芝麻 15 克，黑米 100 克，核桃仁 20 克。

做法

1 黑米淘洗干净，用清水浸泡 3 小时；黑芝麻挑净杂质，洗净，沥干水分，干炒至熟，凉凉，擀碎。

2 锅置火上，倒入适量清水烧开，放入黑米和核桃仁，小火煮至米粒熟烂，撒上黑芝麻碎搅拌均匀即可。

黑豆花生豆浆

材料 黑豆 60 克，花生米 20 克。

调料 冰糖适量。

做法

1 黑豆洗净，用清水浸泡 6~8 小时；花生米洗净，用清水浸泡 4 小时。

2 将泡好的黑豆与花生米倒入全自动豆浆机中，加水至上下水位线之间，煮至豆浆机提示豆浆做好，加冰糖搅拌即可。

桑葚女贞子茶

材料 桑葚干品 6 克，女贞子、旱莲草各 3 克。

做法

1 桑葚、女贞子、旱莲草洗净浮尘。

2 将上述材料一起放入杯中，冲入沸水，盖盖子闷泡约 8 分钟即可饮用。

便秘

排便通畅一身轻

便秘是十分常见的现象，大部分人或多或少都遭受过便秘的困扰。很多人把便秘当作胃肠道疾病的一种症状或一种胃肠道功能障碍，但实际上，绝大部分便秘是不良饮食习惯造成的。因此，远离便秘的困扰，就要从调整饮食入手。

便秘这样吃，加快肠道蠕动

1. 多饮水，使肠道保持湿润，有利于粪便排出。

2. 多吃富含膳食纤维的食物，特别是新鲜蔬菜。

3. 不宜进食太多大鱼大肉，适量进食一些富含油脂的坚果，如核桃仁、杏仁等，能润肠。

4. 适量摄入一些产气食物，如洋葱、白萝卜、蒜薹、菜花等，加快肠蠕动，有利于排便。

5. 避免摄入辛辣食物及其他刺激性食物，如辣椒、咖啡、酒、浓茶等。

养成良好的排便习惯

养成规律的排便习惯有利于预防便秘。最好在早晨起床后或早餐后主动去排便，以形成条件反射；如果习惯晚上排便，最好在晚饭后排便。千万不要无故拖延大便时间，以免排便反射减弱。每次如厕时间不要过长，尽量控制在 10 分钟内。一定不能在如厕时看书、玩手机等，以免分散注意力，延长排便时间。

香菇笋片汤

材料 竹笋 200 克，干香菇 5 朵，青菜心 50 克。

调料 盐、香油各适量。

做法

1 干香菇泡发，去蒂，洗净后一切四瓣；竹笋去壳，洗净，切片；青菜心洗净，切段。

2 将香菇块、笋片放入锅中，加适量清水置火上煮沸，出锅前加入青菜心段稍煮，放入盐调味，淋入香油即可。

预防便秘

芋头红薯甜汤

材料 芋头、红薯各 100 克。

调料 红糖适量。

做法

1 芋头洗净，入沸水锅中稍煮后捞出，过凉，去皮，切小块；红薯洗净，削皮，切小块。

2 锅置火上，加适量清水，放入红薯块、芋头块，先用大火煮 2 分钟，再转小火煮 10 分钟至熟，加入红糖搅拌均匀即可。

通便排毒

油菜香菇魔芋汤

材料 油菜 200 克，干香菇 15 克，魔芋、胡萝卜各 50 克。

调料 盐、蘑菇高汤、香油各适量。

做法

1 油菜洗净，切段；干香菇洗净，泡发（泡发香菇的水留用），去蒂，切小块；魔芋洗净，切块；胡萝卜洗净，切圆薄片。

2 锅中倒蘑菇高汤和泡发香菇的水，大火烧开，放香菇块、魔芋块、胡萝卜片煮至八成熟，放油菜段煮熟，加盐调味，淋香油即可。

润肠通便

缓解便秘

丝瓜魔芋汤

材料　丝瓜 300 克，魔芋、绿豆芽各 100 克。

调料　高汤、盐各适量。

做法

1 丝瓜洗净，去皮，切块；绿豆芽洗净；魔芋用热水泡洗，切块。

2 锅置火上，倒入高汤煮开，放入丝瓜块、魔芋块，煮 10 分钟左右。

3 放入绿豆芽稍煮一下，加盐调味即可。

润肠通便

蜜奶芝麻羹

材料　蜂蜜 30 克，牛奶 200 克，芝麻 20 克。

做法

1 芝麻洗净，晾干，用小火干炒至熟，研成细末。

2 将牛奶煮沸，放入芝麻末调匀，放温后加蜂蜜搅匀即可。

润肠通便

韭菜银芽粉丝汤

材料　韭菜 50 克，绿豆芽 100 克，粉丝 30 克。

调料　盐、香油、姜丝各少许，清汤适量。

做法

1 韭菜择去老根，洗净，切小段；绿豆芽择去根须，洗净，焯水，过凉，沥干；粉丝剪断，泡软。

2 锅内倒油烧至六成热，放姜丝煸香，倒入适量清汤，大火烧开，放粉丝。

3 开锅后放入绿豆芽，煮沸后撒入韭菜段，待再开锅后，加入适量盐，淋入香油即可。

苹果麦片粥

材料 燕麦片、苹果各100克。

调料 蜂蜜适量。

做法

1 苹果洗净，去皮除核，切丁。

2 锅置火上，加适量水，加入燕麦片用大火煮沸，放入苹果丁，用小火熬煮至粥黏稠，加蜂蜜调味即可。

润肠通便

红薯米糊

材料 大米60克，红薯50克，燕麦20克。

做法

1 大米和燕麦淘洗干净，用清水浸泡1~2小时；红薯洗净，去皮，切粒。

2 将大米、燕麦和红薯粒倒入全自动豆浆机中，加水至上下水位线之间，煮至豆浆机提示米糊做好即可。

预防便秘

黄豆芽双菇汤

材料 平菇、茶树菇、黄豆芽各100克，冬瓜50克。

调料 葱花、香油、盐各适量。

做法

1 黄豆芽去根，洗净；茶树菇洗净；平菇洗净，撕成条；冬瓜洗净，去皮除瓤，切厚片，再切条。

2 锅置火上，放适量清水，再放茶树菇烧沸，放黄豆芽煮10分钟，放平菇条、冬瓜条再煮5分钟，放入葱花，加盐、香油调味即可。

消脂促便

腹泻

调养脾胃止泻快

腹泻原因较多，大多数是胃肠道疾病导致。轻度腹泻一般不需要禁食，婴幼儿可以继续哺乳喂养，成人以清淡半流质饮食为宜。中重度腹泻需要暂时禁食，以减轻胃肠道负担，可以少量多次饮用口服补液盐，防止脱水。

腹泻这样吃，止腹泻、防虚脱

1.腹泻严重者早期应禁食，缓解期可食用少油、少渣、高蛋白、高热量、高维生素的半流质食物，如米汤、稀粥、面片汤、果汁等。这些食物既易于消化吸收，也含有人体所需的电解质，可补充热量、水分和营养。

2.腹泻患者不宜吃以下食物：（1）甜食：糖类易发酵产气，会加重腹泻。（2）生冷瓜果：如西瓜、番石榴、梨、菠萝、杨桃等。（3）油煎、油炸食物：如炸鸡腿、油条等。

做好腹部保暖工作

腹部受凉是引发腹泻的常见原因，因此要做好腹部保暖工作。可以使用热水袋敷腹部，或穿保暖内衣，避免腹部着凉。

八宝黑米芡实粥

材料　黑米、薏米各30克，芡实、莲子、花生米、核桃仁、干百合各5克，红枣6枚。

调料　冰糖适量。

做法

1　核桃仁洗净，压碎；红枣洗净，去核；花生米洗净，用水浸泡2小时；干百合洗净，泡软；芡实、黑米、莲子、薏米洗净，用水浸泡4小时。

2　锅内加适量水烧开，放入所有食材，大火煮开后，转小火煮约2小时，放入冰糖煮5分钟即可。

防腹泻
暖脾胃

蓝莓山药粥

材料　大米、糯米各50克，山药60克，蓝莓20克。

做法

1　大米洗净，浸泡30分钟；糯米洗净，浸泡1小时；山药洗净，去皮，切块；蓝莓洗净。

2　锅内放适量清水烧开，放入大米和糯米大火煮沸，转小火熬煮成粥，加山药块、蓝莓熬煮10分钟即可。

调脾止泻

珍珠翡翠白玉汤

材料　油菜、珍珠小汤圆各100克，猪里脊肉60克，鲜香菇2朵。

调料　葱花、姜丝、香菜末、料酒、盐、白胡椒粉各适量。

做法

1　油菜、猪里脊肉分别洗净，切丝；香菇洗净，切片。

2　锅内倒油烧热，炒香葱花、姜丝，放入肉丝翻炒，淋入料酒，放入香菇片，略微翻炒，加水烧开，放入油菜丝、小汤圆，煮至小汤圆浮起，加盐、白胡椒粉调味，撒入香菜末即可。

增强免疫力

增强体力

鸡肉丸子汤

材料　鸡肉馅200克，土豆1个，干香菇2朵。

调料　葱末、姜末、水淀粉、料酒、胡椒粉、鸡汤、盐各适量。

做法

1　鸡肉馅中加姜末、料酒、盐、水淀粉搅拌均匀；土豆洗净，去皮，切丁；干香菇泡发，洗净，撕成小片。

2　锅置火上，加适量鸡汤煮沸，将鸡肉馅捏成丸子下入锅中，煮5分钟左右。

3　下入土豆丁、香菇片煮至土豆熟软，加盐、胡椒粉调味，撒上葱末即可。

收敛固涩

乌梅芡实茶

材料　乌梅、芡实、山楂干各15克，熟地黄、白术各10克。

做法

1　所有材料洗净浮尘。

2　乌梅去核、切碎，其余材料研成粉末，混合后分别装入10个茶包中。每次取1个茶包放入杯中冲入沸水，浸泡约5分钟即可饮用。

健脾止泻

山楂鱼腥草茶

材料　鱼腥草7克，山楂干6克。

做法

1　鱼腥草、山楂干洗净浮尘。

2　将上述材料一起放入杯中，冲入沸水，盖盖子闷泡约10分钟即可饮用。

山药羊肉汤

材料 山药 200 克，羊肉 150 克。

调料 葱花、姜末、蒜末、盐、清汤各适量。

做法

1 山药洗净，去皮，切片；羊肉洗净，切块，用植物油煸炒至变色后捞出。

2 锅置火上，倒入植物油烧至八成热，放入葱花、姜末、蒜末爆出香味，放入山药片翻炒，倒入适量清汤，加入羊肉块炖熟，加盐调味即可。

健脾暖胃

苹果银耳瘦肉汤

材料 猪瘦肉 500 克，苹果 2 个，干银耳 5 克，芡实、薏米各 20 克，蜜枣 4 枚。

调料 盐、姜片各适量。

做法

1 苹果洗净，去皮除核，切块；干银耳用清水泡发，洗净，撕小朵；芡实、薏米分别洗净；猪瘦肉洗净，焯水，切块。

2 苹果块、银耳、芡实、薏米、蜜枣、瘦肉块、姜片放入锅中，加入适量清水，大火煮沸，转小火煲 2 小时，调入盐即可。

调脾止泻

苹果粥

材料 大米、苹果各 100 克，红枣 6 枚，葡萄干 10 克。

做法

1 大米洗净，用水浸泡 30 分钟；苹果洗净，去皮除核，切丁；红枣洗净，去核。

2 锅内加适量清水烧开，加入大米，大火煮开，放入苹果丁，转小火。

3 再次煮开后，放入红枣继续煮 15 分钟，撒上葡萄干即可。

养护肠胃

慢性胃炎

打响保『胃』战

慢性胃炎是常见病，其症状主要有上腹疼痛、食欲减退和餐后饱胀，进食不多但觉过饱。症状常因进食冷食、硬食、辛辣食物或其他刺激性食物而引发或加重，所以慢性胃炎患者尤其要谨慎饮食。避开饮食"雷区"，才能呵护肠胃。

患慢性胃炎这样吃，促进胃黏膜修复

1.避免食用强烈刺激性食物，如辣椒、洋葱、咖喱、胡椒粉、芥末、浓咖啡等，忌食生冷质硬食物。

2.少食芋头、糯米等黏腻难消化的食物，避免加重饱胀、嗳气等症状。

3.饭菜宜软烂、易消化，含膳食纤维多的食物不宜食用太多，可粗粮细做。

4.进食要细嚼慢咽，以利于食物的消化吸收。

5.饮食要有规律，定时定量，少食多餐。可在三餐外加一两次点心，但睡前2小时不要进食。

戒烟酒

香烟中的尼古丁会使胃肠功能紊乱，刺激、损伤胃黏膜。酒精对胃黏膜有刺激作用，并能损害胃黏膜防御机制，故应忌酒。

羊肉苹果汤

材料　羊肉、苹果各150克，豌豆80克。

调料　姜片、香菜碎、盐、料酒各适量。

做法

1 羊肉洗净，切块；苹果洗净，去皮除核，切块；豌豆洗净。

2 将羊肉块、豌豆、姜片、料酒放入锅内，加适量水，大火煮沸，再放入苹果块，小火炖煮至熟，放盐、香菜碎调味即可。

温阳和胃

萝卜鸭胗汤

材料　白萝卜300克，芹菜100克，鲜鸭胗3个。

调料　盐、葱段、清汤各适量。

做法

1 白萝卜洗净，去皮，切小丁；芹菜择洗干净，切段；鲜鸭胗洗净，切丁。

2 锅内倒清汤，放入白萝卜丁、鸭胗丁、葱段，大火烧沸，转小火煮1小时，放入芹菜段，煮10分钟，加盐调味即可。

开胃消食

奶油土豆南瓜羹

材料　南瓜、土豆各100克，洋葱50克。

调料　高汤、奶油、面包糠、盐各适量。

做法

1 南瓜去皮除瓤，洗净，切小块；土豆去皮，洗净，切小块；洋葱去老皮，洗净，切丁。

2 南瓜块、土豆块放入蒸锅，蒸30分钟后取出，用果汁机打成泥。

3 锅置火上，放入奶油，小火烧化，爆香洋葱丁，加入高汤，大火煮沸，加入南瓜土豆泥煮沸，加盐、面包糠搅匀即可。

健脾养胃

养胃生津

奶香肉末白菜汤

材料 猪瘦肉200克，小白菜100克，牛奶200克。

调料 盐、酱油、淀粉、蒜蓉各适量。

做法

1. 猪瘦肉洗净，剁成肉末，加入酱油、淀粉拌匀，腌5分钟；小白菜洗净，切段。
2. 锅置火上，放油烧热，放入蒜蓉爆香，倒入肉末炒散，直至肉色发白。
3. 倒入适量水，烧开后倒入牛奶煮沸，放入小白菜段，煮2分钟，调入盐即可。

促进胃黏膜修复

西蓝花排骨汤

材料 猪排骨200克，西蓝花50克，黄豆20克，干香菇4朵。

调料 盐、姜片各适量。

做法

1. 黄豆洗净，泡涨；猪排骨洗净，剁成段，入沸水焯烫，冲去血沫；干香菇用温水泡发，去蒂，洗净，一切两半；西蓝花洗净，掰成小朵。
2. 锅中倒入适量清水，放入黄豆、排骨段、姜片，大火煮沸，加入香菇，转小火煲约1小时，至黄豆、排骨熟烂，放入西蓝花煮约5分钟，加盐调味即可。

活血健胃

香菜鱼片汤

材料 净鲤鱼肉250克，香菜段100克。

调料 葱段、盐、姜片、料酒各适量。

做法

1. 鲤鱼肉洗净，切薄片，加盐、料酒腌制约30分钟；香菜段洗净。
2. 锅置火上，倒入植物油烧热，爆香葱段、姜片，放入鱼片略煎，倒入料酒，加水煮沸，转小火，盖盖儿焖煮约30分钟至熟，放入香菜段搅匀即可。

小茴香粥

材料　炒小茴香 30 克，大米 200 克。

调料　盐适量。

做法

1 将小茴香装于纱布袋内扎口；大米淘洗干净。

2 锅置火上，放入小茴香袋，加水先煮 30 分钟，再加入大米及适量水同煮至熟，取出小茴香袋，加盐调味即可。

行气止痛

奶香薏米南瓜汤

材料　南瓜 200 克，薏米 100 克，胡萝卜 1 根，牛奶 150 克。

做法

1 薏米淘洗干净，用清水泡软；南瓜去皮除瓤，洗净，蒸熟，放入料理机中打成蓉；胡萝卜洗净，切大块。

2 锅置火上，放入胡萝卜块和适量清水，烧开后煮 20 分钟，捞出胡萝卜块。

3 倒入薏米，煮熟后加入南瓜蓉，煮 10 分钟后加入牛奶即可。

健脾养胃

番茄汁

材料　番茄 300 克。

调料　蜂蜜少许。

做法

1 番茄洗净，去蒂，切小丁，倒入榨汁机中搅打均匀。

2 将搅打好的番茄汁倒入杯中，加蜂蜜搅拌均匀即可。

缓解胃痛

缺铁性贫血

补铁补血是关键

缺铁性贫血是一种常见的贫血类型，患者体内缺少铁而影响血红蛋白合成，从而引起贫血。补充铁是治疗缺铁性贫血的首要原则，而缺铁性贫血与饮食不当关系密切，经常食用有补血功效的富含铁的食物，有助于防治贫血。

患缺铁性贫血这样吃，铁吸收好、改善贫血

1. 适量多吃富含铁的食物，如动物肝脏、猪血、瘦肉、蛋黄等。

2. 改变长期偏食和素食的饮食习惯。

3. 适量食用铁强化食品，如铁强化面粉、铁强化饮料、铁强化奶粉等。

4. 摄入足量的蛋白质，特别是优质蛋白质。优质蛋白质不但可以促进铁的吸收，而且是人体合成血红蛋白的必要材料。

5. 适量多吃富含维生素C的食物，如大白菜、甘蓝、西蓝花、柠檬、猕猴桃等，有利于铁的吸收。

减轻工作压力

贫血与工作压力密切相关，尤其是女性，很容易受工作压力的影响。工作压力给女性带来的影响之一是月经不调。如果不正常出血频繁发生，就会造成女性体内的铁过多流失，容易引起缺铁性贫血。建议女性适时地减轻工作压力，放松心情。

菠菜猪肝汤

材料 菠菜200克，猪肝100克。

调料 葱花、盐各适量。

做法

1 菠菜择洗干净，放入沸水中焯烫30秒，捞出，沥干水分，切段；猪肝洗净，煮熟，切片。

2 锅置火上，倒入植物油烧热，放入葱花炒香，倒入适量清水烧开，放入菠菜段和猪肝片稍煮，加盐调味即可。

补肝养血

山楂荔枝桂圆汤

材料 山楂肉、荔枝肉各50克，桂圆肉20克，枸杞子5克。

调料 红糖适量。

做法

1 山楂肉、荔枝肉洗净；桂圆肉、枸杞子稍浸泡后洗净。

2 锅置火上，倒入适量清水，放入山楂肉、荔枝肉、桂圆肉，大火煮沸后转小火煮20分钟，加入枸杞子继续煮5分钟，加入红糖拌匀即可。

益气逐瘀

鸭血木耳汤

材料 鸭血200克，水发木耳25克。

调料 姜末、香菜段各少许，盐、胡椒粉、水淀粉、香油各适量。

做法

1 鸭血洗净，切成小块；水发木耳洗净，撕成小片。

2 锅置火上，加适量清水，煮沸后放入鸭血块、木耳、姜末，再次煮沸后转中火煮10分钟，用水淀粉勾芡，撒上胡椒粉、香菜段、盐，淋上香油即可。

养气补血

養肝生血

决明子桑菊饮

材料 决明子 10 克，菊花干品、枸杞子、桑叶干品各 8 克。

做法

1 决明子、菊花、枸杞子、桑叶去杂质，洗净。
2 将这些材料一起放入砂锅中，倒入适量清水，煎煮约 5 分钟。
3 滤出汤水，代茶饮用即可。

養气补血

桂圆红枣粥

材料 桂圆肉 20 克，红枣 3 枚，糯米 100 克。
调料 红糖适量。

做法

1 糯米淘洗干净，用冷水浸泡 1 小时，沥干水分；桂圆肉去杂质，洗净；红枣洗净，去核。
2 锅置火上，加入适量冷水、糯米、红枣，用大火煮沸，转小火慢煮至八成熟，加入桂圆肉煮至粥熟，加入红糖拌匀即可。

补虚补血

丝瓜猪肝瘦肉汤

材料 猪肝、猪瘦肉各 100 克，丝瓜 250 克。
调料 姜片、胡椒粉、盐各适量。

做法

1 丝瓜去皮，洗净，切滚刀块；猪瘦肉、猪肝洗净，切薄片，用盐腌 10 分钟。
2 丝瓜块、姜片放入沸水锅中，小火煮沸几分钟后，放入猪肝片、瘦肉片煮至熟，加入胡椒粉、盐调味即可。

黄芪山药茶

材料　黄芪8克，山药干品15克，当归3克。

做法

1 黄芪、山药、当归洗净浮尘。
2 将上述材料一起放入杯中，冲入沸水，盖盖子闷泡约10分钟即可饮用。

滋补健体

党参红枣茶

材料　党参20克，红枣3枚，茶叶3克。

做法

1 将党参、红枣用清水洗净，同茶叶一起放入锅中。
2 加适量清水，大火烧沸，转小火煮10分钟，关火，待凉至温热后饮用。

补血益气

黄芪羊肉汤

材料　羊肉400克，当归、黄芪各15克。

调料　猪骨高汤、姜片、料酒、盐各适量。

做法

1 羊肉洗净，去筋膜，切大块，焯水，冲去浮沫；当归、黄芪洗净。
2 锅内倒入适量猪骨高汤，放入料酒、姜片、当归、黄芪、羊肉块，大火烧沸后转小火煲2小时，加盐调味即可。

补养气血

过敏

从检查自己的食谱开始

不少人在日常生活中会对某种食物过敏，例如有人对鸡蛋过敏，有人对虾过敏，各种食物过敏所引起的症状不一，临床表现错综复杂。因此，预防过敏，不要忘了检查自己的食谱。

过敏这样吃，增强免疫力、缓解症状

1. 饮食清淡、营养均衡，粗细粮搭配适当，荤素搭配合理。

2. 适量多吃糯米、山药等益气固表的食物。中医认为，易过敏的人正气亏虚，吃这些食物有助于改善过敏体质。

3. 排查易致敏食物，鱼虾、花生、牛奶、鸡蛋等含有异性蛋白，容易诱发过敏，要重点排查。

注重日常护理

易过敏人群要做好日常护理。身体免疫力下降会增加过敏风险，因此在平时要养成饮食营养均衡、作息规律、经常进行体育锻炼等习惯，日常生活中应注意保暖，预防感冒，防止过敏。

胡萝卜莲藕汤

材料 莲藕 200 克，花生米 20 克，胡萝卜半根，鲜香菇 3 朵。

调料 高汤适量，盐少许。

做法

1 莲藕洗净，去皮，切块；胡萝卜去皮，洗净，切滚刀块；花生米用温水泡开，去皮；鲜香菇洗净，切块。

2 锅置火上，倒植物油烧至六成热，放入香菇块煸香，放入胡萝卜块煸炒片刻，倒入高汤，大火煮沸后放入莲藕块、花生米，小火煲 1 小时，放入盐调味即可。

增强免疫力

菊花豆腐羹

材料 豆腐 100 克，野菊花 10 克，蒲公英 15 克。

调料 盐、水淀粉各少许。

做法

1 野菊花、蒲公英洗净，放入锅中，加水煎煮取汁约 200 毫升；豆腐洗净，切块。

2 在盛汁的锅中加入豆腐块、盐煮沸，用水淀粉勾芡即可。

清热解毒

百合芦笋汤

材料 鲜百合 50 克，芦笋 200 克。

调料 盐适量。

做法

1 百合洗净，掰成瓣；芦笋洗净，切段。

2 锅中倒入适量清水烧开，放入百合煮至七成熟，再加入芦笋段煮熟，用盐调味即可。

安神清热

预防花粉过敏

胡萝卜小排粥

材料 大米 100 克，胡萝卜 75 克，猪小排（肋排）100 克。

调料 盐、胡椒粉各适量。

做法

1 大米淘洗干净，浸泡 30 分钟；猪小排洗净，入沸水焯烫，切段；胡萝卜洗净，切片。

2 锅置火上，加水烧开，放入大米、猪小排段、胡萝卜片煮沸，转小火熬煮 20 分钟至粥稠，加盐、胡椒粉调味即可。

辅助改善过敏症状

红枣枸杞豆浆

材料 黄豆 60 克，红枣 3 枚，枸杞子 10 克。

做法

1 黄豆洗净，用清水浸泡 10~12 小时；红枣洗净，去核，切碎；枸杞子洗净，用清水泡软。

2 将上述食材一同倒入全自动豆浆机中，加水至上下水位线之间，煮至豆浆机提示豆浆做好即可。

抗菌祛痘

菊花金银花茶

材料 菊花 2 朵，赤芍、白芷、金银花、甘草各 5 克，绿茶适量。

调料 冰糖少许。

做法

1 上述材料洗净浮尘。

2 将上述材料一起放入杯中，冲入沸水，盖盖子闷泡约 8 分钟，调入冰糖即可饮用。

香菇木耳汤

材料 干香菇 20 克，干木耳 10 克，胡萝卜 30 克。

调料 鸡汤、酱油、水淀粉、姜粉、盐各适量。

做法

1 干香菇、干木耳分别洗净，泡发，香菇切片；胡萝卜洗净，去皮，切片。

2 锅置火上，倒入鸡汤煮 10 分钟，加入香菇片、木耳、胡萝卜片煮沸，用水淀粉勾芡，加酱油、盐、姜粉调味即可。

增强免疫力

小鸡炖群菇

材料 净小鸡 1 只，蟹味菇、鸡腿菇、口蘑各 60 克。

调料 盐、冰糖、葱段、料酒、香菜末、蒜瓣、蘑菇高汤各适量。

做法

1 小鸡洗净，切块；口蘑、蟹味菇、鸡腿菇洗净，焯水，撕成丝。

2 锅置火上，倒入蘑菇高汤，放入鸡块和各种蘑菇，加入葱段、蒜瓣，中火烧开后，加料酒，转小火炖至鸡肉熟烂，加盐、冰糖调味，撒入香菜末即可。

增强免疫力

西瓜芦荟汤

材料 芦荟 250 克，西瓜 100 克。

调料 冰糖适量。

做法

1 芦荟去皮，洗净，切片；西瓜去皮除子，洗净，切块。

2 锅中倒入适量清水，放入芦荟片和西瓜块，加入冰糖，大火煮沸即可。

减轻皮肤炎症

肥胖

健康「享瘦」

肥胖与饮食关系密切，减肥人士必须注意饮食问题。但要明确一点，减肥不是饿肚子，想要健康地变瘦，合理的饮食很重要。

减肥这样吃，代谢快、不反弹

1. 限制每天摄入食物的总热量，保证各种营养素的充足供给。

2. 三餐热量要分配得当。早餐吃饱，午餐吃好，晚餐吃少。

3. 每日固定早、午、晚三餐的进餐时间，晚餐后不要吃零食，尤其是甜食。

4. 应摄入充足的优质蛋白质，可以选择瘦肉、鱼虾及豆制品。缺乏蛋白质会使人出现虚弱、疲惫乏力、抵抗力下降等症状，使减肥无法坚持下去。

5. 常吃饱腹感强、热量低的食物，比如西蓝花、黄瓜等蔬菜。

6. 吃饭的速度不宜过快，建议每口饭咀嚼 20 次以上，细嚼慢咽有利于减肥。

荷叶莲子粥

材料 鲜荷叶 1 张，莲子、大米、糯米各 50 克，枸杞子 5 克。

做法

1 大米洗净，浸泡 30 分钟；糯米洗净，浸泡 4 小时；荷叶洗净，放入冷水锅中，烧开，取汁；莲子、枸杞子洗净。

2 锅内倒入煮荷叶的汁，加适量清水烧开，放入大米、糯米、莲子，大火煮沸，转小火熬煮至熟，放入枸杞子煮 10 分钟即可。

调控血脂

胡萝卜白菜汤

材料 大白菜 150 克，胡萝卜 50 克。

调料 葱花、盐各适量。

做法

1 大白菜择洗干净，切段；胡萝卜洗净，切片。

2 锅置火上，倒入植物油烧热，加入葱花炒香，放入胡萝卜片翻炒均匀，倒入没过胡萝卜片的清水，大火煮沸，转小火煮 2~3 分钟，加大白菜段继续煮 1 分钟，加盐调味即可。

促进排便

西蓝花香蛋豆腐汤

材料 西蓝花 200 克，熟咸鸭蛋 1 个，鲜香菇 50 克，豆腐 1 块，高汤适量。

做法

1 西蓝花洗净，掰成小朵；香菇洗净，切块；咸鸭蛋剥壳，去除蛋白，碾碎蛋黄；豆腐洗净，切块。

2 锅中加适量水煮沸，加高汤、西蓝花、香菇块和蛋黄大火煮开，转小火继续煮 10 分钟。

3 放入豆腐块，煮开即可。

促进代谢

清热利尿

豆芽蘑菇汤

材料 黄豆芽 200 克，鲜蘑菇 150 克。

调料 葱花少许，盐、胡椒粉各适量。

做法

1 黄豆芽择洗干净；鲜蘑菇去根，洗净，入沸水焯烫，捞出，撕成条。

2 锅置火上，倒油烧至七成热，放入葱花炒香，放入黄豆芽翻炒均匀，倒入适量清水烧至黄豆芽断生，加入焯好的蘑菇条稍煮片刻，加盐、胡椒粉调味即可。

消脂排毒

冬瓜紫菜汤

材料 冬瓜 200 克，紫菜 5 克。

调料 葱花少许，盐、水淀粉各适量。

做法

1 冬瓜洗净，去皮除瓤，切小丁；紫菜放入清水中浸泡 2 分钟，沉淀去泥沙，捞出洗净。

2 锅置火上，倒油烧至七成热，放入葱花炒香，放入冬瓜丁翻炒均匀，倒入适量清水大火烧开，转小火煮至冬瓜丁熟透，下入紫菜，加盐调味，用水淀粉勾芡即可。

清胃涤肠

竹荪金针菇汤

材料 金针菇 50 克，干竹荪 20 克，干木耳 5 克。

调料 盐适量。

做法

1 干木耳泡发好，洗净，撕成小片；干竹荪泡发好，洗净，沥干，切小段；金针菇洗净，切段。

2 锅置火上，倒入清水烧开，加入金针菇段、竹荪段、木耳片，煮沸后焖 5 分钟，撒盐即可。

玫瑰柠檬草茶

材料　玫瑰花5朵，柠檬草3克，甜叶菊1片。

做法

1 上述材料洗净浮尘。

2 将上述材料一起放入杯中，冲入沸水，盖盖子闷泡约5分钟即可饮用。

减少脂肪堆积

山楂果茶

材料　山楂干15克，蜂蜜适量。

做法

1 山楂干洗净浮尘。

2 将山楂干放入杯中，冲入沸水，盖盖子闷泡约10分钟，待茶温热时调入蜂蜜饮用。

养颜瘦身

薏米荷叶茶

材料　炒薏米10克，荷叶干品5克，山楂干4克。

做法

1 荷叶、山楂干洗净浮尘。

2 将薏米、荷叶、山楂干一起放入杯中，冲入沸水，盖盖子闷泡约8分钟即可饮用。

消肿除湿

高血压

让血压不再顽皮好动

血压与饮食密切相关，一部分病情较轻的高血压患者坚持限盐饮食，可以将血压降至正常范围，而不用服降压药；而中、重度高血压患者合理膳食，不但对降低血压有益，而且能预防或延缓并发症的发生。

患高血压这样吃，稳控血压

1. 降低盐的摄入量。高血压患者每日盐的摄入量应控制在5克以下，这样有助于将血压控制在正常范围。

2. 避免进食高热量、高脂肪、高胆固醇的"三高"食品，以防血脂异常，加重病情。

3. 少吃甜食，将体重控制在标准范围。

4. 提倡高钙饮食。高血压患者每天补充1000毫克的钙，有助于稳定血压。

5. 对于高血压合并肾功能不全者，适当限制饮食中蛋白质的供应量，每天每千克体重蛋白质的供应量应在1克以内。

6. 忌饮浓茶、浓咖啡，少吃辛辣刺激性食物，少饮酒。

7. 每餐吃七分饱，可减轻胃肠负担，对于控制血压和血脂都有益处。

绿豆芹菜羹

材料　绿豆、芹菜各100克。

调料　盐、水淀粉、香油各适量。

做法

1 绿豆拣去杂质，洗净，用清水浸泡3~4小时；芹菜择洗干净，切小段。

2 将绿豆和芹菜段放入搅拌机中搅成泥。

3 锅置火上，加适量清水烧开，倒入绿豆芹菜泥搅匀，煮沸后用盐调味，用水淀粉勾芡，淋入香油即可。

降压降脂

豌豆苗鸡蛋汤

材料　豌豆苗150克，鸡蛋2个。

调料　葱花少许，盐、香油各适量。

做法

1 豌豆苗择洗干净，用沸水焯烫一下；鸡蛋磕入碗内，搅成蛋液。

2 锅置火上，加适量清水烧开，放入豌豆苗、葱花搅拌均匀。

3 待锅内的汤汁再次沸腾，淋入蛋液搅成蛋花，用盐和香油调味即可。

改善血液循环

紫菜肉末羹

材料　猪瘦肉80克，紫菜5克，鸡蛋1个。

调料　葱末、水淀粉各少许，盐、香油各适量。

做法

1 紫菜撕成小片；猪瘦肉洗净，切末；鸡蛋磕入碗内，搅成蛋液。

2 锅置火上，倒入肉末，加适量清水烧沸，转小火煮至肉末熟透，放入紫菜片和葱末搅拌均匀，倒入鸡蛋液搅匀，加入盐和香油调味，用水淀粉勾薄芡即可。

稳定血压

控压调脂

虾仁丝瓜汤

材料 丝瓜 200 克，虾仁 60 克。

调料 蒜末、盐、料酒、淀粉、胡椒粉各适量。

做法

1 虾仁去虾线，洗净，放入碗中，用料酒、淀粉略腌；丝瓜去皮，洗净，切块。

2 锅置火上，倒入植物油烧热，放入蒜末炒香，放入丝瓜块翻炒至变色，倒入适量清水煮沸，放入虾仁，待虾仁变红，加盐、胡椒粉调味即可。

降血压

芹菜香菇粥

材料 芹菜 50 克，鲜香菇 2 朵，枸杞子 10 克，大米 100 克。

调料 盐适量。

做法

1 芹菜择洗干净，切小丁；香菇洗净，去蒂，切小丁；枸杞子和大米洗净。

2 锅置火上，加适量清水，放入大米，大火煮沸后转小火熬煮 30 分钟。

3 炒锅置火上，倒油烧至六成热，放入芹菜丁、香菇丁翻炒出香味后，加入大米粥中，加枸杞子、盐继续煮 10 分钟即可。

控血压

海带排骨汤

材料 排骨 150 克，水发海带 50 克。

调料 料酒、葱段、姜片、盐、胡椒粉各适量。

做法

1 排骨洗净，切小段，入沸水中煮 5 分钟后，捞出沥干水分；海带洗净，切片。

2 锅置火上，倒入植物油烧至五成热，将排骨过油后盛出。

3 锅中留底油，放入料酒、葱段、姜片爆香，加入排骨和适量沸水，炖 20 分钟后加入海带片，再炖 30 分钟，加盐、胡椒粉调味即可。

桔梗香菇汤

材料　鲜桔梗茎叶 250 克，鲜香菇 100 克。

调料　盐、香油、葱花各适量。

做法

1 桔梗茎叶择洗干净，焯水后过凉，切成段；香菇洗净，去蒂，切成片。

2 锅置火上，加水、香菇片、葱花，烧开后加入桔梗段、盐，煮 3 分钟，淋入香油即可。

降压控糖

金针菇菠菜豆腐煲

材料　豆腐 250 克，金针菇 100 克，菠菜 50 克，鲜虾 30 克。

调料　盐、香油各适量。

做法

1 豆腐洗净，切块；鲜虾去头和虾线，洗净；金针菇、菠菜去根，洗净，菠菜焯水。

2 锅中倒入清水，大火烧开，放入豆腐块、金针菇，转中火煮 10 分钟。

3 放入鲜虾、菠菜，煮熟后关火，加盐、香油调味即可。

调控血压
涤肠养胃

菊花山楂罗布麻茶

材料　菊花 10 朵，山楂干 30 克，罗布麻叶 15 克。

做法

1 全部材料洗净浮尘，分成 10 份，分别装入 10 个茶包中。

2 每次取 1 包，用沸水冲泡，闷 15 分钟后饮用，可反复冲泡。

清火降压

糖尿病

饮食清淡巧控糖

饮食治疗是糖尿病的基本治疗措施之一，所有糖尿病患者均应坚持合理饮食。用心安排进餐食谱，坚持良好的饮食习惯，均有助于调控血糖。

患糖尿病这样吃，稳控血糖、预防并发症

1. 控制摄入的总热量是糖尿病饮食治疗的首要原则。摄入适量的碳水化合物，碳水化合物应占总热量的50%~60%。

2. 饮食宜清淡，每日盐的摄入量要控制在5克以内。

3. 应限制饱和脂肪酸的摄入，少摄入牛油、羊油、猪油、奶油等动物性脂肪，可选用豆油、花生油、菜籽油等植物油。同时，适当限制胆固醇的摄入，动物内脏、蛋黄等不宜大量摄入。

4. 应限制油炸食品、淀粉加工制品及水果的摄入。

5. 限制饮酒。酒精会直接干扰机体的热量代谢，加重糖尿病病情。

鲜虾莴笋汤

材料 莴笋 250 克，鲜虾 150 克。

调料 盐、葱花、姜丝各适量。

做法

1 鲜虾剪去须，剪开虾背，挑去虾线，洗净；莴笋去皮，洗净，切块。

2 锅置火上，倒油烧至七成热，放入葱花、姜丝爆香，放入鲜虾和莴笋块翻炒均匀。

3 加适量清水煮至虾肉和莴笋熟透，用盐调味即可。

调节血糖

苦瓜豆腐汤

材料 苦瓜 150 克，豆腐 400 克。

调料 料酒、酱油、香油、盐、水淀粉各适量。

做法

1 苦瓜洗净，去瓤，切片后焯水；豆腐洗净，切片。

2 锅置火上，倒植物油烧热，加入苦瓜片翻炒数下，倒入沸水，放入豆腐片，加入料酒、酱油、盐煮沸，用水淀粉勾薄芡，淋上香油即可。

控糖调脂

洋葱芹菜汤

材料 洋葱、芹菜各 100 克，番茄 1 个，紫菜 3 克，荸荠 10 颗。

调料 盐适量。

做法

1 芹菜择洗干净，切小段；番茄洗净，用开水烫一下，去皮，切块；荸荠洗净，去皮，切块；洋葱剥去外皮，洗净，切丝。

2 将芹菜段、番茄块、荸荠块、洋葱丝放入锅内，加入适量清水，大火煮沸，转小火煮约 20 分钟，放入紫菜，继续煮 5 分钟，加盐调味即可。

利尿消脂

兔肉炖南瓜

材料　南瓜 250 克，兔肉 100 克。

调料　葱花、盐各适量。

做法

1 南瓜去皮除瓤，洗净，切块；兔肉洗净，切块。

2 锅置火上，倒入植物油烧至七成热，加葱花炒香，放入兔肉块翻炒至肉色变白，倒入南瓜块翻炒均匀，加适量清水炖至兔肉和南瓜熟透，用盐调味即可。

白萝卜蛏子汤

材料　白萝卜、蛏子各 100 克。

调料　葱段、姜片、料酒、盐各适量。

做法

1 蛏子洗净，放入淡盐水中浸泡 2 小时，再略微焯烫一下，捞出，剥去外壳；白萝卜去皮，洗净，切成细丝。

2 锅内倒油烧热，炒香葱段、姜片，倒入清水、料酒，放入白萝卜丝煮熟，放入蛏子肉煮开，放盐调味即可。

丝瓜茶

材料　丝瓜 200 克，绿茶 5 克。

做法

1 丝瓜刮去外皮，洗净，切块。

2 将丝瓜块放入砂锅中，倒入没过丝瓜块的清水，大火煮沸后转小火，将丝瓜块煮熟后关火，放入绿茶，盖上锅盖闷 10 分钟即可。

百合干贝香菇汤

材料　百合 10 克，干贝 20 克，鲜香菇 100 克。
调料　葱花、盐各适量。
做法
1 干贝、百合分别洗净，浸泡 30 分钟，干贝去黑线；香菇洗净，切块，焯水。
2 锅内倒油烧热，放入葱花爆香，放入香菇块翻炒片刻，倒入泡好的百合和干贝，加入适量清水，大火煮沸，加盐调味即可。

控糖健脾

绞股蓝苦瓜茶

材料　绞股蓝 6 克，苦瓜片（干品）3 克。
做法
1 上述材料洗净浮尘。
2 将上述材料一起放入杯中，冲入沸水，盖盖子闷泡约 8 分钟即可饮用。

降糖降脂

枸杞麦冬茶

材料　枸杞子 10 克，麦冬 3 克。
做法
1 上述材料洗净浮尘。
2 将上述材料一起放入杯中，冲入沸水，盖盖子闷泡约 10 分钟即可饮用。

稳定血糖

痛风

管住嘴很重要

痛风是人体内尿酸水平持续偏高引起的疾病，食物中的嘌呤成分在体内最终代谢为尿酸，血尿酸水平持续升高便可导致痛风。控制饮食中外源性嘌呤的摄入，可避免痛风急性发作。因此，防治痛风，管住嘴很重要。

患痛风这样吃，降尿酸、远离并发症

1. 禁食高嘌呤食物，如动物内脏、海鲜、肉汤等。

2. 避免饮用酒及酒精饮料。酒精代谢使乳酸浓度升高，易诱发痛风。

3. 每天应饮水 2000～3000 毫升，但痛风合并肾损害，少尿、水肿时，应控制饮水量。

4. 避免摄入果糖含量高的食物。过量摄入果糖会导致尿酸值升高。

5. 蛋奶类和豆制品是痛风患者蛋白质来源的良好选择。蛋奶类为低嘌呤、高蛋白食物；豆制品虽然嘌呤含量高于一般蔬菜，但适量摄入并不会诱发或加重痛风。

控制体重

肥胖会导致酮体生成过多，使尿酸值升高。肥胖者减重后血尿酸往往能显著下降，但减重应循序渐进。痛风患者应保持或达到理想体重。要控制好体重，重点是控制每天摄入的总热量，不可过多吃零食，也不可每餐吃得过饱。

玉米丝瓜络汤

材料　玉米粒 100 克，丝瓜络 15 克，橘核 10 克，
　　　鸡蛋 1 个。

做法

1　丝瓜络、橘核洗净浮尘；玉米粒洗净；鸡蛋磕
　　入碗中，打散备用。

2　将玉米粒、丝瓜络、橘核放入锅中，加水烧
　　开，转小火熬煮 15 分钟，将丝瓜络捞出，将
　　鸡蛋液倒入锅中搅成蛋花即可。

促排尿酸

莲藕冬瓜扁豆汤

材料　莲藕 200 克，冬瓜 250 克，扁豆 50 克。
调料　盐、姜片各适量。

做法

1　莲藕去皮，洗净，切块；冬瓜洗净，去皮除瓤，
　　切块；扁豆洗净，掰成两段。

2　将适量水倒入锅中烧开，放入莲藕块、冬瓜
　　块、扁豆段、姜片，煮沸后转小火继续煲 2 小
　　时，加盐调味即可。

清热利尿

木耳丝瓜汤

材料　嫩丝瓜 400 克，干木耳 5 克，水发海米
　　　20 克。
调料　蔬菜高汤、葱丝、姜丝各少许，盐、胡椒
　　　粉、香油各适量。

做法

1　丝瓜刮去外皮，洗净，剖为两半，斜切成厚片；
　　干木耳泡发，洗净，撕成小朵；海米洗净。

2　锅置火上，放油烧至五成热，放入葱丝、姜丝
　　炝锅，放入丝瓜片略炒，倒入蔬菜高汤，放入
　　木耳、海米，大火烧沸，撇去浮沫，转小火炖
　　煮 10 分钟，加盐、胡椒粉，淋入香油搅匀即可。

促排尿酸

改善痛风性关节炎

薏米百合粥

材料 薏米、新鲜百合各 50 克，大米 100 克。

调料 冰糖适量。

做法

1 薏米淘洗干净；百合剥瓣，洗净；大米淘洗干净。

2 锅置火上，加适量清水烧沸，放入薏米煮沸，转小火煮 20 分钟，放入大米煮 20 分钟，加入百合熬至粥稠，用冰糖调味即可。

降低尿酸水平

猕猴桃香蕉汁

材料 猕猴桃 2 个，香蕉 1 根。

做法

1 猕猴桃、香蕉去皮，切成块。

2 将猕猴桃块和香蕉块放入榨汁机中，加入凉白开搅打均匀即可。

温中止痛
祛湿散寒

干姜花椒粥

材料 干姜 5 克，高良姜 5 克，花椒 3 克，大米 100 克。

调料 红糖适量。

做法

1 干姜、高良姜、花椒洗净，用干净的纱布袋装好；大米洗净，浸泡 30 分钟。

2 锅置火上，放入装好的纱布袋与大米，加入清水，大火煮沸，转小火煮 30 分钟后取出纱布袋，加红糖搅匀即可。

西瓜翠衣茶

材料 鲜西瓜皮（西瓜翠衣）150 克，鲜茅根 15 克。

做法

1 鲜西瓜皮去外皮及红色果肉，洗净，捣碎；鲜茅根洗净，切碎。

2 将上述材料一起放入杯中，冲入沸水，盖盖子闷泡 5~10 分钟即可饮用。

促进尿酸排出

陈皮车前草茶

材料 陈皮 3 克，车前草 5 克，绿茶适量。

做法

1 陈皮、车前草洗净浮尘。

2 将陈皮、车前草、绿茶一起放入杯中，冲入沸水，盖盖子闷泡约 3 分钟即可饮用。

利尿消肿

薄荷竹叶茶

材料 薄荷叶干品、竹叶各 3 克，车前草少许。

做法

1 上述材料洗净浮尘。

2 将上述材料一起放入杯中，冲入沸水，盖盖子闷泡约 5 分钟即可饮用。

清热祛湿

血脂异常

饮食结构要合理

血脂异常与饮食不当关系密切，人体脂肪堆积多因饮食过量。因此，血脂异常患者应尽早改善饮食结构。

患血脂异常这样吃，降胆固醇

1. 减少动物脂肪的摄入，尽量避免食用猪油、肥猪肉、黄油、肥羊、肥牛、肥鸭、肥鹅等。烹调时，应选用植物油，如豆油、玉米油、茶油、香油等，每日烹调用油量控制在 10 ~ 15 毫升。

2. 限制胆固醇的摄入量，每日膳食中的胆固醇摄入量不超过 300 毫克，忌食富含胆固醇的食物，如动物内脏、蛋黄、鱼子、鱿鱼等。

3. 摄入充足的蛋白质，植物蛋白的摄入量要在50% 以上。

4. 适当减少碳水化合物的摄入量。不要吃过多甜食和精加工谷物制品，应多吃粗粮，如小米、燕麦、豆类等。

5. 多补充水分，降低血液黏度，每天补水 1500 ~ 1700 毫升。

6. 提倡高膳食纤维饮食，新鲜蔬果、全谷物、豆类等都是不错的选择。

7. 饮食宜清淡、适量，切忌暴饮暴食。

8. 禁酒。酒精在体内可转变为乙酸，乙酸使得游离脂肪酸的氧化速度减慢，脂肪酸在肝内合成甘油三酯，同时使极低密度脂蛋白的分泌增多，导致血脂升高。

胡萝卜芹菜豆腐汤

材料 胡萝卜、芹菜、豆腐各100克，猪瘦肉50克。

调料 蔬菜高汤、香油各适量，盐、香菜叶各少许。

做法

1 胡萝卜洗净，切斜片；芹菜择洗干净，切段；猪瘦肉洗净，切片；豆腐洗净，切片。

2 锅置火上，放适量蔬菜高汤烧沸，放入豆腐片煮5分钟，放入瘦肉片、胡萝卜片、芹菜段，继续煮5分钟，加入盐、香油调味，撒香菜叶即可。

降脂降压

紫菜豆芽汤

材料 黄豆芽150克，紫菜5克。

调料 蒜末、香油、盐各适量。

做法

1 紫菜撕成小片；黄豆芽洗净。

2 锅内放适量清水，下黄豆芽大火煮沸，转小火焖煮15分钟，下紫菜、蒜末、盐、香油搅拌均匀即可。

调脂通便

海带豆腐汤

材料 水发海带100克，豆腐300克，海米10克。

调料 葱段、姜丝各适量，盐少许。

做法

1 海带洗净，沥干，切丝，煮软，过凉；豆腐洗净，切块，焯水过凉；海米洗净，用温水泡软备用。

2 油锅烧热，放入姜丝、葱段煸香，放入适量清水，大火烧开，放入海带丝、豆腐块、海米，开锅后小火煮20分钟，加盐调味即可。

消脂利尿

预防血栓形成

洋葱银耳羹

材料　洋葱 250 克，干银耳 5 克。

调料　冰糖适量。

做法

1 洋葱洗净，剥外皮，切细丝；干银耳泡发，洗净，撕成小朵。

2 将洋葱丝和银耳一起放入锅中，加水用中火烧开，转小火煨至银耳软糯，加入冰糖化开即可。

促使胆固醇排出体外

燕麦南瓜粥

材料　燕麦片、大米各 50 克，南瓜 100 克。

做法

1 南瓜洗净，去皮去瓤，切小块；大米洗净，用清水浸泡 30 分钟。

2 锅置火上，加入大米与清水，大火煮沸后转小火煮 20 分钟。

3 放入南瓜块，小火煮 10 分钟，再加入燕麦片，继续用小火煮 10 分钟即可。

加速脂肪代谢

山楂大麦茶

材料　山楂干、决明子各 10 克，大麦 15 克，陈皮 5 克。

做法

1 上述材料洗净浮尘。

2 将上述材料一起放入杯中，冲入沸水，盖盖子闷泡约 10 分钟即可饮用。

第五章

经典地域汤羹粥饮

在家尝尽天下特色

解密美食，汤的故事

中国广东：老火靓汤

据说广东人以汤养生的习惯始于南越王赵佗。相传当时广东地区气候湿热，久居此地的南越王赵佗有时也会出现身体不适、胃口不好的情况。食官将岭南独特的食材装在鼎里，用柴火炖煮数小时，为南越王赵佗熬制出一种汤膳，名为"尚汤"，也就是我们说的"老火靓汤"的原型。

中国浙江：宋嫂鱼羹

宋嫂鱼羹是浙江的传统名菜，此鱼羹从南宋就开始流行，已有800多年的历史。据说南宋时，有一个叫宋五嫂的妇人在西湖边以卖鱼羹维持生计。宋高宗乘舟游西湖，吃了她做的鱼羹后赞不绝口，赐给她金银绢帛。从此，宋五嫂声名鹊起，人们争相来品尝她的鱼羹，鱼羹由此得以流传。

中国贵州：酸汤鱼

贵州人爱吃酸，有人形容为"三天不吃酸，走路打蹿蹿"，当地甚至有"做不来酸汤嫁不了人"的俗话。在众多酸汤风味菜品中，酸汤鱼是一大特色。相传很久以前，苗岭山上住着一位叫阿娜的姑娘，她能歌善舞，还会酿制香如幽兰的美酒。周围的小伙子都十分爱慕她，争先恐后来求爱。姑娘给每一位求爱者都送上一碗自酿美酒，如果小伙子喝后觉得奇酸无比，姑娘便会拒绝他。夜幕降临，被拒绝的小伙子会隔山唱山歌，呼唤姑娘相会，姑娘以歌回应："酸溜溜的汤哟，酸溜溜的郎，酸溜溜的郎哟听阿妹来唱；三月槟榔不结果，九月兰草无芳香，有情山泉变美酒，无情美酒变酸汤……"

中国江西：瓦罐煨汤

相传北宋嘉祐年间，一个洪州才子约友人到赣地游览美景，他们在一风景绝佳处驻足观光，命仆人就地烹煮鸡鱼。夜幕降临时，众人意犹未尽，相约次日再来。临走时仆人将剩余的鸡鱼及作料放入瓦罐内，注满清泉，封了盖，放进未熄的灰炉中用土封存，只留一个小孔通气。第二天，众人来到此处，将瓦罐取出。刚一开盖便香气扑鼻，味道更是绝佳。后来，一个饭庄的掌柜得知此事，将这种做汤方法引入饭庄，便有了瓦罐煨汤。

中国香港：爵士汤（蜜瓜海螺老鸡汤）

在中国香港，总能邂逅不少惊艳的味道。爵士汤，听起来霸气十足，看上去浓稠而无任何油花，喝起来回甘悠长，味道格外清爽香甜。说到其中的奥妙，还要从汤名说起。

爵士汤的历史和一个人有关，这个人就是在中国香港颇有影响力的爵士邵逸夫。邵逸夫晚年身体硬朗，曾有媒体问他养生秘诀是什么，他笑称秘诀有三：一是勤奋工作，二是笑口常开，三是每天练功（每天早上要练45分钟气功）。除此之外，邵逸夫还有一些独特的养生秘诀：日含顶级野生人参一片，补元气；每晚喝一碗蜜瓜海螺老鸡汤。

泰国：冬阴功汤

冬阴功汤也叫东炎汤。"冬阴"是酸辣的意思，"功"是虾的意思，冬阴功汤其实就是酸辣虾汤。在泰国，人们无论在餐馆还是在家里，都常饮冬阴功汤。冬阴功汤在老挝、马来西亚、新加坡、印度尼西亚等国也很受欢迎。相传在18世纪泰国吞武里王朝时期，华人郑信王当政，淼运公主生病了，什么都不想吃，郑信王就叫御厨给公主做点开胃汤。想不到公主喝了这碗汤后通体舒畅，病情减轻。郑信王将其命名为"冬阴功汤"，并定为"国汤"。

俄罗斯：罗宋汤

俄罗斯罗宋汤又叫红菜汤，是一种以红菜为主要材料，保留红菜基本色彩和口感的汤。20世纪上半叶，有大量俄罗斯人来到上海，他们把红菜汤的做法也带到了上海。这种被称为"罗宋汤"的中国菜，其实是俄罗斯红菜汤的中国变种。俄罗斯的英语为Russia，于是上海的文人把来自俄罗斯的汤音译为"罗宋汤"。现在做罗宋汤通常都用番茄代替红菜。

日本：味噌汤

日本味噌汤是和韩国大酱汤齐名的经典料理，是日本料理必不可少的佐餐汤类，味道浓郁鲜美。味噌就是黄豆做出的酱，用这种酱做出来的汤都是奶白偏黄色的，将海鲜煮在汤里，味道非常鲜美。走在日本的街头，无论多晚，都能在街边的日式餐馆里喝到美味的味噌汤。

補中益气

牛肉罩饼汤

材料 牛腱子、油菜各 300 克，烙饼 1 张。

调料 盐、生抽、甜面酱、料酒、五香粉、葱段、姜片、大料、花椒、小茴香、香油各适量。

做法

1 烙饼切成菱形或三角形，放入碗中；油菜洗净，焯水，过凉；牛腱子去除筋膜，洗净，切大块，放入适量盐、生抽、甜面酱、料酒、五香粉、葱段、姜片，腌制 7~8 小时。

2 锅中放入适量清水，将腌制好的牛腱子连同汤料放入锅中，放入大料、花椒、小茴香，大火煮沸，撇去浮沫，盖上锅盖，转小火炖 1.5 小时左右。取出牛腱子，完全冷却后切片入盘。

3 牛肉汤撇去表面油脂和调料，浇在烙饼上，放上牛肉片和油菜，淋入少许香油即可。

缓解胃寒

中国河北

羊肠汤

材料 羊肉 150 克，羊骨、羊肠各 100 克。

调料 香菜碎、蒜泥、葱花、姜片各少许，盐、胡椒粉、辣椒油各适量。

做法

1 羊肠、羊肉、羊骨洗净，用沸水焯烫，去血水。

2 锅里放入清水和葱花、姜片，将羊肠、羊肉和羊骨放进去熬煮，大火烧开后转中小火继续熬煮。

3 熬煮过程中要不停地撇去浮沫，待汤色成为奶白色即可，大约需要熬煮 1.5 小时。

4 将羊肉和羊肠取出，羊肉切片，羊肠切段，放入碗中。

5 盛入羊汤，加入香菜碎、蒜泥、胡椒粉、辣椒油、盐即可。

宋嫂鱼羹

材料 净鳜鱼1条（约500克），熟火腿丝、水发香菇丝、鲜竹笋丝各30克，鸡蛋2个（取蛋黄）。

调料 鸡汤、葱段、姜丝各少许，醋、水淀粉、盐、料酒、酱油各适量。

做法

1 鳜鱼洗净，去头去尾，擦干，沿鱼的主骨把中段片成两大片，放盘中，加葱段、姜丝、料酒和盐腌5分钟，上笼蒸熟；取出后去掉葱段、姜丝，倒出汤汁；鱼肉拨碎，挑出鱼皮、鱼骨，再将汤汁倒回鱼肉中拌匀。

2 锅内倒油烧热，加入葱段煸香，加鸡汤和料酒煮沸，放鲜竹笋丝和香菇丝煮沸，将鱼肉连同原汁入锅，调入酱油和盐，用水淀粉勾薄芡，加调好的蛋黄液略煮，加醋，盛出，撒熟火腿丝、姜丝和葱段即可。

开胃促食

中国浙江
西湖牛肉羹

材料 牛瘦肉150克，豆腐100克，干香菇5克，鸡蛋1个（取蛋清）。

调料 香菜末、料酒各少许，冰糖、盐、胡椒粉、水淀粉、香油各适量。

做法

1 牛瘦肉洗净，剁成末，在沸水中焯至变色后捞出；干香菇泡发，去蒂，洗净，切小粒；豆腐洗净，切小丁。

2 锅置火上，倒入适量水煮沸，依次放入牛肉末、豆腐丁、香菇粒、料酒，小火煮几分钟。

3 开锅后转大火，将水淀粉边搅拌边倒入汤中，待羹稍浓稠时，转中火，加蛋清、冰糖、胡椒粉、香菜末、香油，调入盐拌匀即可。

补气养血

健脾补肾

茶树菇土鸡瓦罐汤

材料 净土鸡1只，水发茶树菇100克。

调料 姜片、葱段各少许，盐、料酒各适量。

做法

1 土鸡洗净，剁块；茶树菇洗净。

2 将土鸡块放入沸水中焯去血水，捞出洗净。

3 将土鸡块、茶树菇、葱段、姜片放入瓦罐中，加适量纯净水和料酒，盖上盖，放入大瓦缸中煨10小时后放盐调味即可。

开胃驱寒

中国江南

腌笃鲜

材料 猪五花肉、咸肉、春笋各150克，莴笋100克。

调料 姜片、黄酒各适量。

做法

1 五花肉和咸肉洗净，分别放在水里焯至断生，捞出切成块；春笋去根，除去外皮，洗净后切成滚刀块；莴笋去皮，洗净，切成块。

2 锅内放少许油和姜片烧热，先放入五花肉块翻炒，然后加入咸肉块，加一点黄酒，继续翻炒。

3 锅内加入开水（水量要多），小火炖煮1小时后添加春笋块、莴笋块，继续炖煮半小时即可。

鱼头豆腐汤

材料 鲢鱼头半个，豆腐 200 克。

调料 葱段、姜片、冰糖、椒盐、盐、料酒、醋、胡椒粉、香油各适量。

做法

1 鲢鱼头去鳞、鳃，在淡盐水中略浸泡，洗净；豆腐洗净，切块。

2 锅置火上，倒入植物油烧热，下鱼头煎至两面金黄，下葱段、姜片，烹入料酒、醋，加适量水，放入豆腐块，加椒盐、冰糖，小火炖 30 分钟，撒胡椒粉，淋上香油即可。

健脑补虚

鸭血粉丝汤

材料 鸭血 150 克，鸭架 1 个，鸭内脏（熟）200 克，粉丝、豆腐皮、豆泡、油菜各适量。

调料 姜片、香菜末、葱花各适量，盐、花椒各少许。

做法

1 鸭架洗净，用开水烫一下，去血水；鸭内脏切片；粉丝洗净，泡软备用；鸭血冲洗后切块；豆腐皮洗净，切条；油菜择洗干净。

2 锅内放清水，加入姜片、鸭架，熬制高汤，熬煮 1 小时左右。

3 另起锅，锅内放油，油稍热后放入花椒，放入鸭内脏稍微炒一下，加入熬好的鸭架高汤，汤煮沸后放入泡好的粉丝、豆腐皮、豆泡、油菜和鸭血块，等汤再次煮沸时，加葱花、香菜末和盐调味即可。

增进食欲

温中补肾

鲃肺汤

材料 新鲜鲃鱼500克，草菇3朵，鱿鱼、春笋各50克，熟鸡胸肉片20克，豌豆苗少许。

调料 鲜鸡汤500毫升，熟猪油20克，葱末、姜汁、料酒、盐、胡椒粉、辣椒各少许。

做法

1 将鲃鱼从鱼腹部划开，取出鱼肝，去除鱼皮和鱼骨，取净鱼肉，将鱼肝和鱼肉片成片状，洗去血水，用料酒、盐、葱末、姜汁腌一下；草菇洗净，切片；春笋去皮洗净，切片；豌豆苗择洗干净；鱿鱼洗净，切段，焯水。

2 锅内放鲜鸡汤，煮沸后放入鱼肝片和鱼肉片，加入料酒、姜汁和盐，边煮边撇去浮沫。

3 加入春笋片、草菇片、鸡胸肉片、豌豆苗、鱿鱼段，继续炖煮，汤沸腾后淋入熟猪油，撒上胡椒粉、辣椒即可。

补中益气

中和汤

材料 老豆腐400克，河虾5只，竹笋100克，猪肉60克，火腿30克，水发香菇4朵。

调料 鸡汤、盐、葱花、胡椒粉各适量。

做法

1 老豆腐洗净，切成小丁，焯水；竹笋去皮，洗净，切成小丁；猪肉、火腿、水发香菇分别洗净，切成小丁；河虾去虾线，洗净，切段。

2 竹笋丁、猪肉丁、火腿丁、香菇丁、河虾段放入锅内，加入鸡汤没过食材，大火煮沸，撇去浮油，转小火炖1小时，加入豆腐丁，再炖15分钟，加入葱花、胡椒粉、盐即可。

淮南牛肉汤

材料 牛肉 300 克，牛腿骨适量，干粉丝、豆腐皮各 100 克。

调料 香菜末、葱花、牛油各适量，辣椒粉、盐各少许。

做法

1 牛肉洗净，牛腿骨破开露出骨髓，用沸水焯烫牛肉及牛腿骨，再用冷水冲洗干净；干粉丝洗净，用温水泡软；豆腐皮洗净，切成细丝。

2 锅里放入清水，烧开后放入牛肉和牛腿骨，煮沸后撇去浮沫，转小火将汤熬制成白色，将煮熟的牛肉捞出，冷却后切片备用。

3 将牛油加热化开，油六成热时倒入辣椒粉中，制成红油辣子。

4 将粉丝、豆腐皮、牛肉片放入沸水里烫一下，再放入熬好的骨汤中，加入红油辣子、香菜末、葱花、盐调味即可。

补血益气

中国福建

花旗参乌鸡汤

材料 净乌鸡 500 克，枸杞子 10 克，花旗参 5 克，红枣 4 枚，桂圆肉适量。

调料 姜片、盐各适量。

做法

1 乌鸡洗净，切成块，焯水；枸杞子、花旗参、红枣、桂圆肉分别洗净。

2 锅中倒入适量清水，放入乌鸡块、枸杞子、花旗参、红枣、桂圆肉、姜片，大火煮沸后转小火炖 2 小时，调入盐即可。

补血补肾

美容壮骨

蹄筋花生汤

材料 猪蹄筋 500 克，花生米 50 克。

调料 葱花、姜块、盐、料酒、胡椒粉、高汤各适量。

做法

1. 花生米浸泡 2 小时，去尽杂质后沥干水分。
2. 猪蹄筋洗净，放入碗中，加适量水，上笼蒸 4 小时，待酥软后取出，用冷水浸泡 2 小时，剥去外层筋膜，洗净后切条备用。
3. 锅置火上，加入高汤，将猪蹄筋、花生米、姜块、盐、料酒一同入锅炖至猪蹄筋熟烂，去掉姜块，加胡椒粉调味，撒上葱花即可。

健脾开胃

中国贵州

酸汤鱼

材料 净草鱼 1 条，黄豆芽 150 克，豆腐 200 克，番茄 50 克。

调料 姜块、葱段各少许，盐、木姜子油、红酸汤各适量。

做法

1. 草鱼洗净，在背脊处从头到尾斩开，保持腹部相连；豆腐洗净，切块；番茄洗净，切片；黄豆芽洗净。
2. 锅置火上，倒入植物油，放入姜块、葱段爆香，倒入红酸汤，大火烧开，下黄豆芽、豆腐块、草鱼同煮至熟，调入盐、木姜子油，下番茄片起锅即可。

中国四川
酸辣汤

材料 豆腐 150 克，鲜香菇 30 克，火腿、熟猪肉各 50 克，鸡蛋 1 个。

调料 酱油、胡椒粉、醋、盐、水淀粉、葱花各适量。

做法

1 鸡蛋磕入碗中，打散；香菇、豆腐分别洗净，切丝；熟猪肉、火腿切丝备用。

2 熟猪肉丝、火腿丝、香菇丝、豆腐丝放锅内加清水烧开，加盐、酱油，用水淀粉勾芡，淋入蛋液，放入胡椒粉、醋、葱花，待蛋花浮起即可。

中国广东
芡实薏米老鸭汤

材料 净老鸭 1 只，芡实 30 克，薏米 50 克。

调料 盐适量。

做法

1 薏米洗净，浸泡 3 小时；芡实洗净；老鸭洗净，剁成块。

2 将鸭块放入锅内，加适量清水，大火煮沸后加入薏米和芡实，转小火炖煮 3 小时，加盐调味即可。

滋阴补肾

中国广东
干贝竹笋瘦肉羹

材料　猪瘦肉 200 克，竹笋 50 克，干贝 30 克，鸡蛋 1 个，枸杞子 10 克。

调料　盐、葱花、高汤各适量。

做法

1 猪瘦肉洗净，切末；鸡蛋磕入碗中，打散备用；竹笋去老皮，洗净，切丁；干贝、枸杞子分别洗净。

2 锅中倒油烧热，放入葱花、瘦肉末翻炒，倒入高汤，加入竹笋丁、干贝、枸杞子，大火煮沸后转小火，煮至干贝熟透，调入盐，淋入蛋液稍煮即可。

健脾清热

中国广东
四果炖鸡

材料　鸡肉 400 克，猪瘦肉 150 克，木瓜、苹果、雪梨各 1 个，干无花果 20 克，水发香菇 50 克。

调料　盐、姜片各适量。

做法

1 木瓜洗净，去皮除子，切块；苹果、雪梨分别洗净，去皮除核，切块；鸡肉、猪瘦肉分别洗净，切块；香菇洗净，切小块；无花果洗净。

2 鸡肉块、猪瘦肉块、姜片放入锅内，加入适量清水，大火煮沸后转小火煲 2 小时，加入木瓜块、苹果块、雪梨块、香菇块、无花果再煮10 分钟，调入盐即可。

蜜瓜海螺老鸡汤

材料 蜜瓜 300 克，鲜海螺肉 250 克（干品则 100 克），老母鸡 1 只，猪瘦肉 150 克。

调料 姜片少许，盐适量。

做法

1 蜜瓜洗净，去皮，切块；鲜海螺肉洗净（干品用温水浸泡），去除海螺头；老母鸡去内脏、尾部，洗净（若嫌肥腻可去鸡皮，留鸡皮则汤更香）；猪瘦肉洗净，切块。

2 所有食材与姜片一起放入锅内，加清水大火煮沸后转小火煲 2 小时，调入盐即可。

滋补肝肾

中国东北

东北炖汤

材料 猪排骨 500 克，酸菜 250 克，五花肉、干粉条各 100 克。

调料 香菜碎、姜片各少许，盐、料酒、胡椒粉各适量。

做法

1 排骨洗净，剁成段，入沸水中焯去血水，捞出；五花肉洗净，切片；酸菜洗净，片成薄片，再切成丝；粉条洗净剪短，用水浸泡一下。

2 锅内倒入适量清水，加入姜片，大火煮沸，放入酸菜丝、排骨段、五花肉片，大火煮沸后加入料酒，转小火继续煮 1 小时，煮至排骨酥烂，加入粉条煮熟，加香菜碎、盐、胡椒粉调味即可。

开胃促食

开胃消食

中国河南

胡辣汤

材料 羊肉、羊骨各500克，面粉200克，豆腐丝、海带丝、花生米、干粉丝各50克。

调料 胡椒粉、盐、大料、桂皮、白芷、陈皮、料酒、醋、香油、香菜碎各适量。

做法

1 大料、桂皮、白芷、陈皮包成香料包；豆腐丝、海带丝、花生米洗净；粉丝泡软，洗净，剪短。

2 羊肉、羊骨洗净，放清水锅中煮沸，撇去浮沫，加入香料包，中火炖2小时至肉熟，将羊肉、羊骨和香料包捞出，羊肉切小块，留汤。

3 面粉加少许盐和清水和成面团，醒几分钟，然后逐次加水反复压揉，将面筋析出，洗过面筋的水留用。

4 锅内倒入肉汤，加清水，放入豆腐丝、海带丝、花生米、羊肉块、盐、料酒，煮沸后将面筋拉成薄饼，在开水中来回荡，涮成面筋穗后落入锅中；将洗面筋的水搅匀，慢慢倒入锅内，再加入粉丝煮10分钟，最后放胡椒粉搅匀，食用时淋入醋、香油，撒上香菜碎即可。

补虚 健脾胃

中国河南

酸辣肚丝汤

材料 熟猪肚200克，韭菜50克。

调料 醋、清汤、盐、料酒、葱丝、姜丝、胡椒粉、香油各适量。

做法

1 熟猪肚切细丝，入沸水中略烫后捞出备用；韭菜洗净，切成段。

2 锅置大火上，倒入植物油烧至五成热，放入葱丝、姜丝炝锅，加入清汤、肚丝、盐、料酒煮沸，撇去浮沫，加入韭菜段和胡椒粉，烹入醋，待出醋香时淋入香油搅匀，起锅盛入汤碗内即可。

洛阳豆腐汤

材料 老豆腐300克，鲜香菇100克，干粉丝、青菜各50克。

调料 高汤适量，姜汁、蒜末、葱段、胡椒粉、辣椒油、盐各少许。

做法

1 香菇洗净，切成片；老豆腐洗净，切成大片；粉丝洗净，用温水泡软；青菜洗净，切段。

2 锅内放油烧热，加葱段炸成葱油，盛出备用。

3 锅内放入高汤，煮沸后放入香菇片、豆腐片、粉丝，大火烧开后转小火慢熬20分钟。

4 出锅前，放入青菜段煮熟，放葱油、胡椒粉、辣椒油、姜汁、蒜末、盐进行调味。

益气和中

冬阴功汤

材料 鲜虾9只，鲜香菇200克。

调料 冬阴功酱、红辣椒、青柠檬、姜碎、香茅、薄荷叶、香叶、鱼露、椰奶、盐各适量。

做法

1 鲜虾洗净，去除虾线；鲜香菇洗净，切丁；红辣椒、香茅分别洗净，切碎；青柠檬洗净，切片。

2 锅中倒油烧热，放入鲜虾炒至粉红色，加入适量水，放入冬阴功酱、香茅碎、姜碎、红辣椒碎、青柠檬片、薄荷叶、香叶，加入适量盐、椰奶煮沸，放入香菇丁，中火煮3~4分钟，加入鱼露调味即可。

开胃促便

马来西亚
肉骨茶

材料 排骨200克，鲜香菇5朵，豆泡5个，油菜50克。

调料 肉骨茶料包1包，蒜瓣、生抽、老抽、蚝油、料酒各适量。

做法

1 鲜香菇、豆泡、油菜分别洗净，鲜香菇切块；排骨洗净，切块，焯去血水，捞出备用。

2 锅中加水煮沸，放入肉骨茶料包，小火煮30分钟，放入排骨块、香菇块、豆泡、蒜瓣，大火煮沸后转小火煮1小时，调入生抽、老抽、料酒、蚝油，继续煮20分钟，放入油菜稍煮即可。

俄罗斯
罗宋汤

材料 牛肉100克，圆白菜片、胡萝卜块、土豆块、番茄块、洋葱丝、香肠片各50克。

调料 面粉、黄油、番茄酱、盐、冰糖、胡椒粉、莳萝各适量。

做法

1 牛肉洗净，切块，放入汤锅中，加入适量水，大火煮沸后转小火，撇去浮沫，焖煮约3小时至熟烂，将牛肉捞出，留汤备用。

2 炒锅内倒入植物油烧热，放入土豆块煸炒，炒至将熟时放入牛肉块继续炒，炒香后放入圆白菜片、胡萝卜块、番茄块、洋葱丝同炒，再放入香肠片、番茄酱、盐，大火煸炒，趁热全部倒入牛肉汤锅中用小火熬制。

3 炒锅置火上，加入黄油、面粉翻炒，趁热放入牛肉汤里搅匀，再熬制20分钟左右至材料熟烂，加冰糖、胡椒粉、莳萝即可。